FARMING
农业种植系列读物
车艳芳　编著

现代水稻高产优质栽培技术

河北科学技术出版社

图书在版编目(CIP)数据

现代水稻高产优质栽培技术 / 车艳芳编著. -- 石家庄：河北科学技术出版社，2013. 12（2024.4重印）
ISBN 978-7-5375-6546-2

Ⅰ. ①现… Ⅱ. ①车… Ⅲ. ①水稻栽培-高产栽培 Ⅳ. ①S511

中国版本图书馆 CIP 数据核字(2013)第 268948号

现代水稻高产优质栽培技术

车艳芳　编著

出版发行	河北科学技术出版社
地　　址	石家庄市友谊北大街 330 号(邮编:050061)
印　　刷	三河市南阳印刷有限公司
开　　本	910×1280　1/32
印　　张	7
字　　数	140 千
版　　次	2014 年 2 月第 1 版
	2024 年 4 月第 2 次印刷
定　　价	49. 80 元

Preface 序

推进社会主义新农村建设，是统筹城乡发展、构建和谐社会的重要部署，是加强农业生产、繁荣农村经济、富裕农民的重大举措。

那么，如何推进社会主义新农村建设？科技兴农是关键。现阶段，随着市场经济的发展和党的各项惠农政策的实施，广大农民的科技意识进一步增强，农民学科技、用科技的积极性空前高涨，科技致富已经成为我国农村发展的一种必然趋势。

当前科技发展日新月异，各项技术发展均取得了一定成绩，但因为技术复杂，又缺少管理人才和资金的投入等因素，致使许多农民朋友未能很好地掌握利用各种资源和技术，针对这种现状，多名专家精心编写了这套系列图书，为农民朋友们提供科学、先进、全面、实用、简易的致富新技术，让他们一看就懂，一学就会。

本系列图书内容丰富、技术先进，着重介绍了种植、养殖、职业技能中的主要管理环节、关键性技术和经验方法。本系列图书贴近农业生产、贴近农村生活、贴近农民需要，全面、系统、分类阐述农业先进实用技术，是广大农民朋友脱贫致富的好帮手！

中国农业大学教授、农业规划科学研究所所长
设施农业研究中心主任 张天柱

2013年11月

Foreword 前言

农业是国民经济的基础，是国家稳定的基石。党中央和国务院一贯重视农业的发展，把农业放在经济工作的首位。而发展农业生产，繁荣农村经济，必须依靠科技进步。为此，我们编写了这套系列图书，帮助农民发家致富，为科技兴农再做贡献。

本系列图书涵盖了种植业、养殖业、加工和服务业，门类齐全，技术方法先进，专业知识权威，既有种植、养殖新技术，又有致富新门路、职业技能训练等方方面面，科学性与实用性相结合，可操作性强，图文并茂，让农民朋友们轻轻松松地奔向致富路；同时培养造就有文化、懂技术、会经营的新型农民，增加农民收入，提升农民综合素质，推进社会主义新农村建设。

本系列图书的出版得到了中国农业产业经济发展协会高级顾问祁荣祥将军，中国农业大学教授、农业规划科学研究所所长、设施农业研究中心主任张天柱，中国农业大学动物科技学院教授、国家资深畜牧专家曹兵海，农业部课题专家组首席专家、内蒙古农业大学科技产业处处长张海明，山东农业大学林学院院长牟志美，中国农业大学副教授、团中央青农部农业专家张浩等有关领导、专家的热忱帮助，在此谨表谢意！

在本系列图书编写过程中，我们参考和引用了一些专家的文献资料，由于种种原因，未能与原作者取得联系，在此谨致深深的歉意。敬请原作者见到本书后及时与我们联系（联系邮箱：tengfeiwenhua@ sina. com），以便我们按国家有关规定支付稿酬并赠送样书。

由于我们水平所限，书中难免有不妥或错误之处，敬请读者朋友们指正！

编　者

CONTENTS

目　录

第三章 水稻田间管理技术

第四章 水稻生产技术

第五章 水稻良种选育技术

第六章　机械化水稻生产技术

第七章　病虫害、杂草防治技术

第一章
水稻种植的基础知识

第一节 水稻的分类

从水稻的分类来看，我国种植的水稻都属于亚洲栽培稻。亚洲栽培稻又可以分成两个亚种：籼亚种和粳亚种，即我们通常十分熟悉的籼稻和粳稻。

我国南方稻区水热条件优良，无霜期一般较长，有些地区甚至常年无霜，四季都可以种稻。这些地方种植的水稻，可以按生长季节的不同划分为早稻、中稻和晚稻。北方稻区的栽培类型多为早粳或早熟中粳型。

另外，同一品种的水稻也可以按栽培方式分为水稻和陆稻；或者按照水稻淀粉含量的多少分为黏稻（非糯稻）和糯稻；或者按照水稻生育期的长短划分为早熟品种、中熟品种和晚熟品种。

一、籼稻与粳稻

籼稻和粳稻都属于亚洲栽培稻的亚种，这两种稻在形态特征、生长发育周期以及具体的栽培技术上都很不一样。从稻作物的生长特点和经济价值来看，大多数籼稻的茎秆较粗，分蘖力较强，叶片颜色较淡，谷粒更加细长，成熟期稻粒容易脱落，出米率较低。与

粳稻相比，籼米的直链淀粉含量相对更高，煮饭时胀性大、黏性小，煮熟的米饭容易散落。粳稻大多数茎秆比较细，分蘖力弱于籼稻，叶片颜色比较深，谷粒呈短圆状，稻粒不容易脱落，稻田相对出米率更高，产生的碎米较少，粳米的直链淀粉含量较低，用它做出来的米饭黏性大、胀性比较小。

从生育特点和对环境的适应性上看，籼稻品种的吸肥性较强，但是耐肥力较差，容易倒伏，耐寒力也比较差，在温度达到12℃时才能正常发芽。与籼稻相比，粳稻的耐肥力更强，但是吸肥性较差，抗倒伏性较好，耐寒能力比较好，环境温度达到10℃就可以满足发芽的需求。在同等条件下，籼稻叶片的光合速率远高于粳稻，更加枝繁叶茂，适宜早生快发。

从种植地区来看，籼稻更多的应该在纬度较低、海拔较低的湿热地区种植，如我国南方稻区。粳稻则更加适宜在高纬度、高海拔的地区种植，如我国的东北稻区、华北稻区和西北稻区，也可以在云贵高原的部分高海拔稻区和长江流域双季稻区栽培中粳或晚稻。

南方的部分早籼稻品种也可以引种到我国的东北稻区，但是我国的东北稻区从不种植籼稻。这是因为：

（1）籼稻品种相对而言耐寒性较差，如果选择在东北地区种植，非常容易受到当地的早春寒潮和晚秋时低温冷害的影响，水稻生产的安全性和稳产性差。

（2）籼稻非常容易导致落粒，稻米收获时，如果脱粒较晚就很容易导致减产，东北稻农也不习惯这种边收获、边脱粒的作业方式。

（3）籼米的直链淀粉含量相对比较高，米饭的黏性较差，这种稻米一般不适合在北方地区销售，而且其稻米的品质也低于粳稻。

由于以上原因，东北稻区不发展籼稻种植业。

二、旱稻与水稻

陆稻又叫“粳（jīng）子”，俗称旱稻，是适合在旱地生产的栽培稻，它的生长特性、外部形态和植物的内部构造与水稻没有太大的不同，如陆稻也有用于沼泽生长的裂生通气组织，由根部通过茎叶和气孔连接，作用是方便在淹水的条件下保证自身氧气的供应。我们可以说陆稻是从水稻发展而来的适于旱作的“土壤生态型”。

陆稻区别于水稻的最大的地方是完全在旱田条件下栽培，只要土壤中有一定的水分，就可以满足其生长的需要。同时，陆稻存在通气组织，这可以使它比其他别的旱地作物更适应多雨、低洼或淹水的生长条件。现在，世界上的很多国家都有陆稻栽培，尤其是巴西，更是以大面积地栽培陆稻且陆稻产量高而十分著名。

三、杂交稻与常规稻

使用某种特定的方法或技术使两个亲本进行杂交，用杂交一代（F_1）来生产稻谷的水稻称为杂交稻。按照杂交稻种子的生产途径来进行分类，可以把杂交稻分为三类。分别是：三系杂交稻，即使用不育系、保持系和恢复系这三系来配套生产杂交稻种；两系杂交稻，即使用光温敏核不育系和恢复系来生产杂交稻种子；化杀杂交稻，即使用各种化学物质杀雄生产杂交稻种子。根据它们之间的亲缘关系，又可以进一步分为：三系杂交籼稻、三系杂交粳稻、三系籼粳亚种间杂交稻、两系杂交籼稻，两系杂交粳稻和两系籼粳亚种间杂交稻等不同的类型。

杂交稻在杂交时利用的是杂交一代，所以虽然从外观上看非常整齐，但是其遗传因素是杂合的。如用 F_1 代生产的稻谷当种子，F_1 代在实际种植时就会发生很大的性状分离，导致产量的下降，正是基于此，种植杂交稻时要年年换种。而常规稻却是纯合品种，不仅在外观上整齐一致，就是遗传基础也基本都是一样的，常规稻的上一代和下一代不仅在长势长相上非常一致，而且即使多年种植，也可以保持高产，因此，常规稻的种植并不需要年年换种。

四、超级稻

通过水稻超高产育种的方法选育出来的米质优、抗性好的超高产水稻品种叫做超级稻。1981 年日本人最早提出水稻超高产育种，他们希望通过籼稻、粳稻亚种间杂交的方法培育出比当时的秋光品种增产 50% 或每公顷生产 10 吨以上糙米的超高产水稻新品种。

1989 年，国际水稻研究所致力于水稻新品种的研发，并正式启动了新株型（New Plant Type）超高产育种计划，育种目标是培育出比当时推广的品种增产 20% ~30%、产量达到每公顷 13 ~15 吨、整体抗性好、生育期不超过 110 天的超高产品种。1994 年，该研究所宣布培育出了新株型超高产品种，西方媒体马上用 Super Rice（超级稻）来进行这一新品种的推广。从此之后，超级稻这一新的代名词开始被广泛地使用，频繁地出现在传播媒体中。实际上，超级稻、超高产品种和新株型稻所指向的都是同一事物，只不过是不同的说法而已。

中国很早就开始进行超级稻育种了，而且成果比较丰富。从 20 世纪 80 年代中期开始，到 90 年代中期，我国在育种理论、育种方法和育种实践上都已经有了全面的突破。进入 21 世纪之后，超级稻新品种已经在全国范围内开展大面积示范田。

中国的超级稻品种大致可以分为两类：一类是南方的超级杂交籼稻，它又可以进一步分为两系法亚种间超级杂交稻和三系法亚种间超级杂交稻；另一类是北方的常规超级粳稻。我国的这两种稻均已达到每亩超过800千克的超高产水平，并且都已经有各自的超级稻新品种在审定推广，如南方的两优培9、协优9308，北方的吉粳88、沈农606、沈农265等。

第二节 水稻作物的生物学特点

一、水稻生育期的划分

生育时期是指作物生长发育过程中其外部形态发生显著变化的若干个时期。水稻的生长从种子萌发开始需要经历一系列的生育期，直到有新的种子成熟为止，这些时期大致可分为出苗期、分蘖期、拔节期、孕穗期、抽穗期、开花期和灌浆成熟期等。按照水稻各生育期的不同生育特点，一般可以将其划分为两个阶段，即水稻的营养生长阶段和生殖生长阶段。

水稻营养生长阶段主要是供水稻植株的营养器官（如根、

茎、叶）生长发育的阶段，这个阶段一般包括从种子萌发到幼穗分化以前的时间。这一阶段又可以进一步分为出苗期、分蘖期和拔节期。

水稻生殖生长阶段主要是供水稻植株的生殖器官（如幼穗、花、种子）生长发育的阶段，这一阶段一般包括从幼穗分化开始到新种子形成的时间。这一阶段又可以进一步分为孕穗期、抽穗期、开花期和成熟期。

（一）划分水稻生育期的标准

水稻生育期的划分一般可以参照以下三个方面：一是水稻从种植到收获的全部生长发育所需的总天数；二是不同水稻植株的主茎总叶数；三是生长发育全过程所需要的总积温数。

各种水稻生育期的长短并不是一成不变的，它受种植地区和种植季节的影响而发生变化。同一水稻品种种植在不同地区就会有不同的熟期，同一地区水稻的熟期也会受气候变化和播期的影响而不同。

相对来说，一个品种一生中主茎叶片的数量则是相对稳定的，被播期和气候影响的概率较小，所以才有了以主茎总叶数来划分水稻生育期的方法。按照这种方法，将主茎为 10 ~ 13 片叶的水稻划为早熟品种，14 ~ 15 片叶的属于中熟品种，16 片叶以上的则属于晚熟品种。

积温也是用来划分生育期的一个重要标准。一般早熟品种对活动积温的要求比较低，晚熟品种对活动积温的要求就相对较高一点。

由此可见，水稻品种生育期的划分标准较多，划分的角度也不同，各地应根据自身的实际情况，采用适宜的划分标准，以确保其准确性和实用性。

水稻的生长要经历营养生长期和生殖生长期两个阶段，水稻的生殖生长期一般相对稳定，而营养生长期的长短却变化较大，所以水稻营养生长期的长短变化一般就决定了水稻的生育期的变化。营养生长期又可以进一步分为基本营养生长期和可变营养生长期。水稻在生长初期，随着温度的升高、水稻所需的日照时间缩短而加快营养生长速度，促使其营养生长期缩短。但水稻的营养生长期的缩短是有限度的，缩短到一定程度以后，即使温度和日照再适宜水稻的生长，其营养生长期也不会继续缩短了。这段不可再缩短的营养生长期就称为水稻的基本营养生长期，又叫短日高温生育期。可以被适当消去的那一部分营养生长期称为可变营养生长期。早稻、中稻、晚稻生育期之间的差别，主要就在于其基本营养生长期和可变营养生长期的长短不同。

有的水稻在不同的种植年份也会出现生育期的长短变化，也就是因此，早稻的可变营养生长期主要随温度的变化而发生相应的变化，而晚稻的可变营养生长期，则同时受高温和日照时间长短的影响。由此可见，早稻的感温性比较强，而晚稻的感温、感光性都比较强。

（二）水稻营养生长的生育类型

水稻营养生长阶段的分蘖终止、拔节与幼穗分化之间有重叠、衔接、分离三种关系，形成了三种不同的生育类型。

（1）重叠型生育类型的营养生长与生殖生长部分重叠，幼穗分化后才拔节、分蘖终止，地上部伸长节间为5个以内，属早熟品种类型，寒地水稻均为此类型。因此，在栽培上应注意前期促进，从壮苗出发，培育健壮个体，是高产的关键。

（2）衔接型生育类型的分蘖终止、拔节与幼穗分化衔接进行，地上部一般为6个以上伸长节间，为中熟品种类型。营养生长与生殖生长间矛盾较小，栽培上宜促控结合。

(3) 分离型生育类型的营养生长与生殖生长间略分离，分蘖终止、拔节后的10~15天，才进入幼穗分化期，地上部节间为7个以上，为晚熟品种类型，在栽培上应促中有控、促控结合。

二、水稻根叶生育特点

(一) 水稻根系的种类及特点

水稻根系属于须根系。根据发生的先后和部位的不同，可分为种子根（胚根）和节根（不定根、冠根）两种。

种子根分为初生胚根和次生胚根，初生胚根为1条，直接由胚的胚根长成；次生胚根为1~4条，在中胚轴上长出（只在深播或化学药剂处理时才发生）。种子根垂直向下生长，作用是吸收水分、支持幼苗，一般待节根形成后即枯萎。

节根是从植株基部茎节（包括分蘖节）上长出的不定根，数目甚多，是水稻根系的主要部分，因其环生于节部，形似“冠”状，故又称冠根。节根按其所生位置可分为上位根和下位根。上位根较细较短，一般横向或斜向伸长，分布于土壤的上层和中层；下位根较粗较长，多分布于土壤的中层或斜下层。随着分蘖的增加，根群也逐渐发展，可以有多级分枝。直接由茎节上伸出的根称一级根，自一级根伸出的根称二级根，依次可以生出六级根。一般老根呈褐色，新根呈白色，新根近根尖部分生有根毛，级次越高则根毛越少，六级根不生根毛。土壤疏松或通气性好时，根毛较多；长期淹水或氧气缺乏时，根毛很少甚至没有，分枝根的级数和数量也少。

在不同生育时期，水稻根系的分布不同。在分蘖期，一级根大量发生，但分布较浅，多数在0~20厘米土层内横向扩展呈扁椭圆形；

在拔节期，分枝根大量发生，并向纵深发展；至抽穗期，根系转变为倒卵圆形，横向幅度达40厘米，深度达50厘米以上；在开花期，根部不再继续伸展，活动能力逐渐减退；接近成熟期时，根系吸收养分的能力几乎完全停止，这时所需的养分全靠植株体内养分的转移维持。从总体上看，水稻根系主要分布在0～20厘米土层中，约占总根量的90%。从全生育期看，水稻在抽穗期根量达到最大值。

水田中水稻的根系由不同年龄的根组成，由于土壤氧化还原性质的影响，各年龄的根有白色、黄褐色、黑色和灰色等。根的不同颜色，反映了根的活力不同的情况。

（二）水稻叶片的种类

水稻的叶分为鞘叶、不完全叶和完全叶三种。

鞘叶即芽鞘，在发芽时最先出现，白色，有保护幼苗出土的作用，特别是在旱播情况下，作用更明显。

不完全叶是从芽鞘中抽出的第一片绿叶，一般只有叶鞘而没有叶片，在计算主茎叶片数时通常不计入。

完全叶由叶鞘和叶片组成。叶鞘和叶片连接处为叶枕，在叶枕处长有叶舌和叶耳。叶鞘抱茎，有保护分蘖芽、幼叶、嫩茎、幼穗和增强茎秆强度、支持植株的作用。同时，叶鞘又是重要的贮藏器官之一，叶鞘内同化物质的蓄积情况与灌浆结实和抗倒伏能力有很大的关系。叶片为长披针形，是进行光合作用和蒸腾作用的主要器官。在栽培中，叶片的长短、大小和数量对产量的形成有重要的作用。

叶片、叶鞘、叶枕、叶耳、叶舌以及芽鞘常有绿、红、紫等不同颜色，是识别品种的重要特征。

水稻后期叶片存在多少、生长健壮与否，极大地关系着水稻产量的高低。加强后期田间管理，保护好后期功能叶片的旺盛活力，是水稻丰产的重要保证。

（三）水稻叶龄和秧龄的作用

水稻叶龄是指主茎的出叶数目，水稻秧龄是指植株的生育天数。二者都是用来表示水稻植株生育的进程。

叶龄的计算以主茎上长出的最新叶片为准，如主茎上长出第5张叶片时，叶龄为5；长出第7张叶片时，叶龄为7；当第8张叶片未完全展开时，以展开部分占第7叶的比例计为小数，如展开叶长度达第7叶长度的1/3时，叶龄计为7.3，展开叶的长度达第7叶长度的一半时，叶龄记为7.5。秧龄一般以出苗后秧苗经历的天数计。以上是单个植株计算叶龄和秧龄的方法，在实际应用中往往是针对群体，一般要同时调查多株（>20），以其平均值来表示。

叶龄能比秧龄更准确地反映植株的生理年龄和实际生育进程。原因在于用天数表示的秧龄受外界环境影响较大，相同天数的秧苗，其实际生育进程往往并不相同；而对于叶龄来说，由于其与分蘖、根系、节间和穗分化之间的同伸关系比较稳定，不易受外界条件影响，叶龄相同的秧苗生育进程基本相同。因此，在生产上常用叶龄来推算植株的生育进程。

三、分蘖期的发育特点

（一）水稻分蘖的影响因素

水稻分蘖实质上是水稻茎秆的分枝，分蘖多发生在基部节间极短的分蘖节上，主茎上的分枝称为一级分蘖，一级分蘖上的分枝称为二级分蘖，以此类推。水稻分蘖的发生是有规律的。正常情况从第一完全叶的叶腋伸出分蘖。

壮秧是在主茎第四片叶（完全叶）抽出的同时在主茎第一片叶

的叶腋中伸出第一蘖，在第五片叶开始生出的同时，在第二叶的叶腋中伸出第二蘖，以此类推。二级分蘖和三级分蘖等各级分蘖均遵循上述叶蘖同伸关系，即分蘖的出现总是和母茎相差三片叶子。

水稻发生分蘖必须具备内因和外因两个条件。内因包括品种的分蘖特性、秧苗壮否、干重多少、充实度高低、秧苗大小等；外因主要包括温度、光照、水分和养分等。

水稻分蘖的最适气温为30～32℃，最适水温为32～34℃。若气温低于20℃、水温低于22℃，分蘖缓慢；气温低于15℃、水温低于16℃或气温超过40℃、水温超过42℃，分蘖会停止。

保持3厘米左右的浅水层对分蘖有利，浅水可增加泥温，缩小昼夜温差，提高土壤营养元素的有效性；无水或水深降低泥温，抑制分蘖发生。

阴雨寡照时，分蘖发生延迟；光强低于自然光强5%时，分蘖停止。

在营养元素中，氮、磷、钾对分蘖的影响最明显。水稻分蘖期稻体内三要素的临界量分别是：氮2.5%、五氧化二磷0.25%、氧化钾0.5%。叶片含氮量为3.5%时，分蘖旺盛，钾含量在1.5%时分蘖顺利。

叶面积指数和插秧深度对分蘖也有很大影响。当秧田叶面积指数达到3.5、本田叶面积指数达到4.0时分蘖停止；浅插2厘米左右对分蘖有利，插秧超过3厘米，分蘖节位上移，分蘖延迟，分蘖质量变差，弱苗深插还会造成僵苗。

因此，分蘖期的田间管理就是有效地利用上述条件，促进分蘖的早生快发，提高有效分蘖率，为最终提高产量和品质奠定基础。

四、拔节分穗期的生育特点

（一）水稻拔节前后的水肥控制

水稻拔节的标准是茎秆基部第一个伸长节间的长度达到 1 厘米（早稻）或 2 厘米（晚稻），并由扁变圆。当全田有 50% 的植株开始拔节时，即称拔节期。水稻节间伸长，是自下而上逐个进行的。

早熟品种伸长节间一般 3 ~ 4 个，中熟品种为 5 ~ 6 个，晚熟品种为 7 ~ 8 个。北方粳稻多为 4 ~ 6 个伸长节间。

拔节期是水稻栽培管理中承前启后的重要时期，在拔节前后进行肥水调控，是实现对水稻平稳促进，使之稳步生长的有效措施。拔节期肥水调控至少有以下几方面的积极作用：

（1）促进根系向纵深发展，白根和黄根数量增加。

（2）抑制后生分蘖发生，加速弱小分蘖死亡，提高成穗率。

（3）促使基部节间缩短增粗，机械组织加厚，提高植株抗倒伏能力。

（4）避免叶片过分伸长，改善中期群体结构。

（5）抑制稻株蛋白质的合成，促进同化产物在茎鞘中的积累，为后期产量形成作好物质储备。

（二）搁田、晒田或烤田

拔节期前后的肥水调控，在技术上主要采用的是水分控制、俗称搁田、晒田或烤田。搁田是通过排除田间水层，利用叶面蒸腾与株间蒸发降低稻田土壤含水量的一种措施，其直接作用是控制土壤水分。同时由于搁田后土壤通透性增强、含氧量增多、土壤氧化还原电位提高，铵态氮被氧化或逸失，磷由易溶性向难溶性转化，耕层土壤中有效养分含量暂时降低，说明搁田又具有间接控制养分的作用。所以，搁田技术不单是调控水分，同时还是调控肥水的技术措施。

（三）稻穗分化的分期及其环境因素

稻穗从分化开始到发育成穗，根据不同的划分方法，可以划分为4期、5期和8期，其中5期划分法较为简洁，也较为通用，现介绍如下：

第一期，苞分化期。穗轴分化分节，处于倒四叶出生后半期，经历半个出叶期。

第二期，枝梗分化期。先后分化形成1次及2次枝梗，处于倒三叶出生期，经历1个出叶周期。

第三期，颖花分化期。分化形成花器，即颖花，以及雌、雄蕊，一般在倒二叶出生至倒一叶露尖期，经历1～2个出叶周期。

第四期，花粉母细胞形成及减数分裂期。分化形成性细胞，一般在倒一叶出生中、后期，经历0.8个左右出叶周期。

第五期，花粉粒充实完成期。配子体进一步发育成熟，外形上孕穗，相当于1个出叶周期左右。

在生产实践中，对穗分化各期的准确把握，有利于采取正确的栽培措施进行调控和保护，如颖花分化期是水分敏感期，晒田处理必须在此前结束；减数分裂期是温度敏感期，对低温反应敏感，此期要注意采取措施加以保护。穗分化各期的判断可以根据器官同伸规律从植株形态上加以判断，如颖花分化期在形态上表现为倒二叶露尖，减数分裂盛期在形态上表现为剑叶伸出（叶耳露出）。

幼穗分化是水稻生殖生长开始的重要标志，幼穗分化期是水稻一生中最为重要的时期之一，在外形上包括拔节期和孕穗期。幼穗分化开始后，水稻进入营养生长和生殖生长并进的时期。这个时期植株生长量迅速增大，叶片相继长出，分化末期根的生长量达一生中最大值，全田叶面积也达最高峰，植株干物质的积累将近干物质总量的50%，因而也是水稻一生中需肥最多的时期。据测定，对氮、磷、钾的吸收量，约占一生中总吸收量的50%。这个时期，不仅需要大量的矿物质营养，而且对周围环境的条件反应也十分敏感。环境条件对水稻幼穗的影响主要有以下几个方面：

（1）温度是影响幼穗分化的重要因素。幼穗分化期最适温度为26～30℃。昼温35℃左右、夜温25℃左右最利于形成大穗。幼穗分化过程对低温的敏感时期是在减数分裂期以后2～3天，即花粉四分体和小孢子发育期。此期如遇17℃以下低温，花粉粒的正常发育就会受到影响，如遇15℃以下低温，花粉粒的发育将受到严重影响，导致雄性不育，从而引起结实率大大降低。如在减数分裂期前后遇低温，可在夜间灌水8～10厘米，提高穗部温度。

（2）日照时数和光照强度对枝梗和颖花的发育有很大影响。日照时数过短或光照不足，都会造成分化的枝梗及颖花退化，这种现象以大穗型的品种更为突出。

（3）水稻进入幼穗分化期，植株生长量急剧增大，此期为水稻一生中生理需水最多的时期，不能缺水，但长期淹水也是不利的。

（4）幼穗发育期间，需要较多的氮、磷、钾等矿物质营养，特别是在减数分裂前后，养分不足会导致枝梗和颖花的退化。正确施用穗肥进行促花和保花，是增产的有效措施。

此外，水稻在幼穗分化期间，植株根系若被踩断则不易再发新根，从而影响后期生长。所以，幼穗分化开始后，就要尽量减少下田次数，避免踩断根系。

（四）稻穗发育的判断方法

准确地判断水稻穗的发育时期和进度，对水稻生产尤其是杂交稻制种非常重要。为了准确地预测花期，以便采取相应的生产措施，必须严格掌握稻穗发育的进度。判断稻穗发育进度的方法有两种：一是镜检法，在解剖镜或显微镜下检查，这种方法准确可靠，但需要一定的技术和设备，大面积生产中不易做到；另一种方法是田间间接检查法，即根据水稻植株内部发育与外部形态的相关关系进行判断，这种方法简便易行，实用性强。田间间接检查法主要有：

（1）根据拔节情况推断幼穗的发育时期。水稻拔节后，自上而下第5个节间开始伸长时，幼穗开始分化。所以，具有3个或4个伸长节间的早熟品种，拔节时已处于幼穗分化期；具有5个伸长节间的中熟品种，拔节时正是幼穗开始分化的时候；具有6个或7个伸长节间的晚熟品种，则第2或第3个节间拔节时，幼穗才开始分化。

（2）根据叶龄指数推断幼穗的发育进度。对于主茎16叶的品种来说，叶龄指数为76～78时，幼穗分化为苞分化期；80～86时为枝梗分化期；87～92时为颖花分化期；95～97时为花粉母细胞分化及减数分裂期；叶龄指数为100时，幼穗分化已进入花粉粒充实形成期。对于主茎叶数多于或少于16的品种，也可以根据上述对应关系查找相应的分化时期，只不过对叶龄指数要加以校正，用“校正叶龄指数”来查对。这里，校正叶龄指数=叶龄指数+校正系数；校正系数=（100−叶龄指数）×（16−总叶数）÷10。举例如下：

某品种主茎叶数为14，叶龄为12.6，其叶龄指数为12.6÷14×100=90，校正系数=（100−90）×（16−14）÷10=2。则校正叶龄指数=90+2=92，根据上述对应关系可知，该品种正处在颖花分化期。

五、抽穗结实期的生育特点

（一）“一刀齐”的抽穗方法

在水稻的产量构成中，单位面积的有效穗数和平均每穗粒数是两个重要因素。在协调二者的关系时，一般穗数容易保证，而平均每穗粒数即穗的大小则不易把握。由于穗数是由主茎和分蘖共同组成的，分蘖的多少和大小往往决定着每穗粒数的多少，小穗过多是不利于提高平均每穗粒数的。从光能利用的角度来说，无效分蘖在一定程度上是光能和地力的浪费，而小穗也是一种浪费。从这个意义上说，提高抽穗整齐度和成穗率（有效分蘖率）是同等重要的。如果穗数过多而穗头大小不一，单产同样很难提高。因此，在水稻高产栽培中，既要尽量控制无效分蘖、提高成穗率，又要努力抑制小穗的形成、提高抽穗整齐度，也就是要做到抽穗“一刀齐”。这样，才能既保证单位面积的有效穗数，又能保证平均每穗粒数，最终实现高产目的。要做到抽穗“一刀齐”，可以从以下几个方面入手：

（1）适期早栽，合理密植，争取低节位、低位次的分蘖，为获取大穗奠定基础。

（2）适当提高每穴用秧量，提高主茎和早期低节位、低位次分蘖在最终成穗数中的比例。

（3）选用分蘖势强的品种，使分蘖能在早期集中快速抽出，为后期控制无效蘖和小穗创造条件。

（4）在水稻生长前期，要加强水肥管理，促进植株早生快发，在有效分蘖终止期，要及时撤水晾田（田间无水层，土壤含水量为最大持水量），必要时要进行搁田（亦称烤田或晒田，田间无水层，土壤含水量低于最大持水量），以抑制无效分蘖和小穗的发生。

（二）水稻开花的规律

在正常情况下，水稻在抽穗（穗顶露出剑叶叶枕 1 厘米即为抽穗）当天或稍后即开始开花。

一个穗子顶端最先抽出，穗子顶端枝梗上的颖花遂先开放，然后伴随穗的抽出自上而下依次开花，基部枝梗上的颖花最后开。

一次枝梗上的开花顺序和整穗顺序有所不同，首先是顶端第一粒颖花开放，然后是基部颖花，再顺序向上，最后是顶端第二粒颖花开放。二次枝梗也遵循这一规律。同一稻穗上所有颖花完成开花需 7 ~ 10 天，其中大部分颖花在 5 天内完成，一天中的开花动态则是上午 9 ~ 10 时开始开花，11 ~ 12 时最盛，下午 2 ~ 3 时停止。每个颖花开花均经过开颖、抽丝、散粉、闭颖的过程，全过程需 1 ~ 2.5 小时。由于同一田块的植株间和同一植株的分蘖间都是一个连续的抽穗过程，同一田块完成抽穗约需 10 天，所以对一块田来说，所有颖花完成开花约需 15 天。

掌握水稻开花规律，在水稻杂交制种上有很大用处。一是可以使父、母本花期相遇，提高结实率；二是可以准确把握操作时间，进行人工辅助授粉；三是利于对保持系去杂去劣，提高不育系种子的纯度。

水稻属自花授粉作物，开花之初，内外颖顶部开始展开，花丝伸长，花药逐渐被送出内外颖，但通常花药在伸出之前就已开裂，许多花粉粒自行落到自花柱头上，完成自花授粉受精。当花药略高于内外颖或垂于内外颖边缘时，花粉粒飞散于空气中，被风吹送到其他颖花（同株或异株）的柱头上。由于自花授粉早于异花授粉，所以不能实现异交，只有当自花花粉粒败育时（称雄性不育），才能实现部分异交，但对全田而言，这一比例通常低于 1%，最高也不超过5%。因此，在进行常规品种繁育时，垄间一般不会混杂，不用设立隔离带。

（三）水稻谷粒的发育过程

水稻开花、受精以后，子房逐步发育成米粒（俗称糙米，与颖壳合称谷粒）。受精后的卵细胞的发育是非常迅速的，一般在开花后8～10小时便开始细胞分裂。开花后8～10天，胚部便分化出胚芽、胚根、盾片及其他器官，这时便已具备了发芽能力。此后，胚进一步发育，完成生理上的成熟。在胚发育的同时，胚乳也迅速发育。开花后，胚乳细胞便开始分裂，开花后5天胚乳细胞可填满整个胚囊，9～10天胚乳细胞分裂完毕。由于胚乳细胞发育较快，米粒在开花后3天就达颖壳全长的1/2，开花后5～7天即可伸到颖壳的顶部达到最大长度。以后米粒向两侧加宽加厚，开花后12天左右接近最大宽度，13～14天接近最大厚度。米粒的充实除主要依靠淀粉外，脂肪、蛋白质的积累也起一定的作用。

（四）水稻成熟时期

根据稻谷成熟的生理过程和谷壳颜色变化等，可将水稻成熟过程分为乳熟期、蜡熟期、完熟期和枯熟期4个时期。

（1）水稻开花后3～5天即进入乳熟期。灌浆后籽粒内容物呈白色乳浆状，淀粉不断积累，干、鲜重持续增加：在乳熟始期，鲜重迅速增加；在乳熟中期，干重迅速增加，到乳熟末期，鲜重达最大，米粒逐渐变硬变白，背部仍为绿色。该期用手压穗中部籽粒有硬物感觉，持续时间为7～10天。

（2）蜡熟期水稻籽粒内容物浓黏，无乳状物出现，用手压穗中部籽粒有坚硬感，鲜重开始下降，干重接近最大。米粒背部的绿色逐渐消失，谷壳稍微变黄，此期经历7～9天。

（3）完熟期水稻的谷壳变黄，米粒水分减少，干物重达定值，籽粒变硬，不易破碎，此期是收获适期。

（4）枯熟期水稻的谷壳黄色褪淡，枝梗干枯，顶端枝梗易折断，米粒偶尔有横断痕迹，影响米质。

水稻成熟期的长短因气候和品种的不同而有差异，气温高则成熟期缩短，气温低则成熟期延长。

在生产上，要注意水稻成熟期的栽培管理，特别是水分的管理。一些地区常因生育后期撤水过早而影响籽粒饱满度。水稻在灌浆结实期合理用水，可以达到养根保叶、青秆活熟、浆足粒饱的目的。为此，一般在成熟前7～10天灌最后一次水，具体时间可视土壤的含水量及天气和籽粒的成熟情况灵活掌握。

第二章
水稻育秧技术

第一节 水稻播种前的准备

一、水稻品种的播前准备和种子处理

不同地区应选择适宜本地区的生态环境条件，熟性好、耐肥、抗病、抗倒伏、穗大粒多、高产稳产、品质优良、能够安全成熟的品种。特殊地区还应注意品种的适应性，如抗寒性、耐涝性、耐旱性、耐盐碱性等。

（一）种前晒种

稻种在贮藏期间，生命活动非常微弱。播前晒种可以增加种的皮透性，有利于排除贮藏过程中种子呼吸所产生的二氧化碳，同时也有利于氧气和水分向种子内部渗透，加快种子的吸水过程，提高酶的活性，使种子内含物迅速从凝胶转变成溶胶，促进种子内部的新陈代谢，增强种子活力，提高种子的发芽势和发芽率。

晒种的另一个好处是可以起到消毒杀菌的作用。通过晒种可以杀死大部分附着在种子外表的病原菌，从而减轻由种子传播的病害的发生率。晒种还可以消除种子间含水量的差异，使种子干燥均匀，吸水速度一致，发芽整齐。晒种时要经常翻动种子，晒种与风扬结合进行还可以清除混在种子中的枝梗、草末、尘土、虫瘿、病粒等杂质。

晒种要在选种前结束，趁阳光充足的晴好天气晒3天左右即可。晒种时种子摊铺要薄，定时翻动，做到均匀一致。翻动时防止弄破谷壳，防止几个品种同时翻晒时造成混杂。

（二）水稻的选种方式

水稻在播前要进行选种，主要的作用是剔除混在种子中的草籽、杂质、虫瘿、病粒和不饱满谷粒，提高种子的质量。通常采用风选、筛选、溶液选等几种方法。溶液选种可用一定浓度的黄泥水选种、食盐水选种或硫铵水选种。其中盐水选种的原料易得，价格便宜，溶液浓度相对稳定，选种效果好，所以大力提倡。

（1）风选是通过人工或动力抛掷种子，借助自然风力选种，有条件的地方可用鼓风机或吸风机，借助人工风力进行选种。风选方法容易操作，简单易行，但易受外界自然风力的不稳定性和种子中杂物种类的影响，选种不彻底。风选出的种子一般不易达到播种要求。

（2）泥水选的一般做法是用50千克的水，对入20千克左右的黏黄泥，充分搅拌后，使黄泥中的胶粒悬浮在水中。当泥水的比重达到1.08～1.13时，用箩筐装干种置于泥水中搅拌，捞出浮在泥水上面的瘪粒、草籽及其他漂浮物。泥水的比重可用比重计测定，没有比重计时可用新鲜鸡蛋测试。把鸡蛋放在泥水中，蛋壳露出水面有5分硬币大小即可。泥水为悬浮液，水稳时黏土胶粒容易下沉，泥水比重随时都能改变，要不断地搅拌。选种量较多时，黏土胶粒易吸附在种子表面被带走，故在选种过程中还要经常往泥水中加入黄泥。选好的种子必须清洗干净。泥水选种所用的黄泥易得，可以就地取材。用过后的泥水可以倒掉，对环境没有任何污染。泥水选种时泥水中的悬浮胶黏易沉淀，比重容易变化，因此，动作要求连续而快捷，否则选种不彻底。

(3) 盐水选和硫铵水选时用每50千克水加入10~12千克食盐或硫铵，配制成比重为1.08~1.13的溶液，其操作方法与泥水选种相同。盐水选好的种子要先用清水洗净附在谷粒表面的盐分再进行浸种。剩下的盐水可以熬制土盐作为饲料添加，不得随处乱倒，防止对环境造成污染。硫铵水选出的种子不必清洗，可直接浸种催芽，而硫铵水则可作为肥料使用。盐水、硫铵水均为溶液，浓度变化小，选出的种子质量好。选种选出的秕粒和半仁谷粒可用清水冲洗，晒干作为饲料。

水稻播种前进行的一系列的种子处理，可以确保水稻苗齐苗壮，为水稻生产提供足够数量健康的秧苗打好基础。

二、水稻播种前的种子测定

(一) 种子发芽率和发芽势的测定

种子在贮藏过程中受到温度、湿度的影响，其生命力会有不同程度的降低，甚至受到化肥、农药等化学物质的污染而部分或全部丧失生命力。若不经检查就盲目播种，有时由于发芽率低或发芽势弱而出苗不齐，出苗和成苗率低，秧苗数量不足，会对生产造成重大损失。因此，掌握和了解种子的质量是十分重要的。播种前必须要做好种子发芽率和发芽势的测定和检验工作。

为掌握稻种的发芽能力和质量好坏，播种前要做好发芽试验。首先采取随机的办法，取有代表性的种子样品，充分混合，再分成

2～3组，每组100粒，放在铺有滤纸或脱脂棉的发芽皿内，加足水后，放置于恒温箱内，使其温度保持在28～30℃条件下，第三天计算发芽势，第五天计算发芽率，求出各组平均值即为样品种子的发芽势和发芽率。计算公式如下：

$$\text{发芽率（势）}\% = \frac{\text{发芽种子数}}{\text{供试种子数}} \times 100$$

发芽势要求达到75%以上，发芽率要达95%以上。发芽率低于80%的种子不能使用，应及时更换。

在广大农村，农户家多不具备上述条件，可用暖水瓶做发芽试验。取一定数量的种子放在30℃温水中浸泡3～4小时，然后用煮沸过的纱布包好，吊在暖水瓶塞上。在暖水瓶塞上再插上一支温度计观察瓶内温度，瓶内水温为35℃，装水高度为瓶高的1/3～1/2，不要使种子浸水，并经常更换瓶中热水，保持瓶内温度在30℃左右，经过一天多时间种子即可发芽，求出种子发芽率。

北方地区很多农村都有火炕，也可以取一定数量的种子，用30℃温水浸泡3～4小时后，装在消过毒的纱布袋中，把装有种子的纱布袋放置罐头瓶中，把罐头瓶放在炕上加温，瓶上要盖被子或衣物保温，温度保持在28～30℃，注意给种子补水，2～3天后，种子即可发芽，计算出发芽率。此外，利用火炕生豆芽的方法做稻种发芽试验，也是切实可行的。

（二）水稻浸种及其标准

种子从休眠状态转化为萌芽状态，如果没有足够的水分，适当的温湿度和充足的空气，要萌动是不可能的，而吸足水分是种子萌动的第一步。种子在干燥时，含水量很低，细胞原生质呈凝胶状态，代谢活动非常微弱。只有吸足水分，使种皮膨胀软化，氧气溶于水中，随水分吸收渗透到种子细胞内，才能增强胚和胚乳的呼吸作用。原生质也随水分的增加由凝胶变为溶胶，自由水增多，代谢加强，在一系列酶的作用下，使胚乳贮藏的复杂的不溶性物质转变为简单的可溶性物质，供幼小器官生长。有了水分也便于有机物质迅速运送到生长中的幼芽、幼根中去，加速种子发芽的进程。所以把好浸种关，是搞好催芽工作的重要环节。

水稻种子的吸水是有阶段的。早稻吸水可分为三个阶段。第一阶段为急剧吸水的物理吸胀过程。这一阶段中吸收种子萌动所需水分的一半以上；第二阶段是缓慢吸水的生物学过程，种子处于酶的激烈活动、物质转化等萌动时期；第三阶段是大量吸水的新器官生长过程，由于幼芽生长迅速，吸收水分较多。浸种是水稻种子吸水的第一阶段，北方粳稻吸水的量要达到种子本身重量的30% ~40%才能顺利发芽。种子吸水不足或不均匀，不仅发芽不整齐，往往还会有很多种子播种后不能出苗而造成损失。

吸足水分的谷壳半透明，腹白分明可见，胚部膨大突起，胚乳变软，否则说明吸水不足。值得注意的是正确掌握浸种时间和浸种水的用量。浸种的水必须没过种子，使种子吸足水分。浸种时间应充分，但也并非浸种时间越长就越好。浸种时间过长会使种子内部的可溶物外渗，使种子的养分流失，甚至种子在水中萌芽时，因水中氧气不足而引发无氧呼吸，使种子消耗养分过多过快，并产生大量乙醇，使种芽中毒而不利于培育壮苗。浸种时头两天换水一次，以后每天换水一次，保持浸种水的清新，有充足的氧气溶入。

（1）浸种时间和标准。水稻浸种时间长短与浸种水温的高低有关。水温高浸种时间短，水温低浸种时间长。如水温30℃，浸种需2 ~3 天；水温 20℃，浸种需 3 ~4 天；若水温 15℃，浸种需 5 ~6 天；水温 10℃时，浸种需7 ~8天。种子吸足水分的特征是：谷壳颜色变深，呈半透明状，胚部膨大突起，胚乳变软，手碾成粉，折断米粒无响声。

(2) 浸种时的种子消毒。水稻的有些病害是由种子带菌传播的，为了杀死附在种子表面和颖壳与种皮之间的病原菌，如水稻恶苗病菌、水稻立枯病菌、稻曲病菌、水稻白叶枯病菌、稻瘟病菌和水稻干尖线虫等，浸种时加药剂进行消毒，是防治病虫害经济有效的措施，简单易行、容易操作、经济实惠，有事半功倍的防病治病的效果。

(三) 实用的消毒药剂

为方便人们掌握水稻种子的消毒药剂，对几种主要病害消毒剂简介如下：

防治稻瘟病，一般用7.0%甲基托布津800~1000倍液浸种7.2小时或1%生石灰水浸种；防治白叶枯病，一般用1%生石灰水溶液与浸种时间相同，强氯精10克浸种3~4千克12小时或41%白恶宁60毫升对水1.8千克浸种15千克；防治立枯病，一般用1%生石灰水浸种消毒，也可用立枯灵、杀枯宁、10%浸种灵和扑生畏浸种等。防治恶苗病，一般用50%福美双1500倍液浸种4~5天或硫酸铜500倍液浸种24小时，35%恶苗灵250倍液浸种4~6天。防治干尖线虫，一般可用温汤浸种。

随着农药生产技术的进步，混配和有机合成的杀菌药较多，各地均有生产具有广谱杀菌的种子消毒药剂，目前市场销售的10%浸种灵、扑生畏等，是应用较广的药剂，每10克药剂可浸种5千克种子，除白叶枯病、干尖线虫病外都非常有效。

(四) 催芽播种的原则

经过催芽的种子，在北方早春低温的条件下，播种后扎根快、出苗早、出苗整齐，能提高成苗率，缩短秧田期，所以提倡催芽播种。催芽的大小一般以种子破胸露白为度。播种时温度高，芽可稍长，但不宜超过0.5厘米。

不论用什么方法催芽，其原理都是一样的。即“高温破胸，适温催芽，低温晾芽”。所谓高温破胸，就是在30～32℃的高温下，经1～2天破胸露白。破胸露白后，即将温度降至25～28℃，即所谓适温催芽。12～15小时后，芽长可达0.2厘米左右，就可以把种芽薄薄地摊开，放置于自然温度下，散热降温。待种芽温度降至与自然温度相同时即可播种。

催芽过程中应防止高温烧种。超过40℃，种子会失去发芽能力。破胸前不补水，破胸要翻种，使种子发芽均匀。破胸后适当补水，注意通气增氧，即可催出茁壮的好芽。

第二节 水稻育秧技术

一、水稻育秧的基础知识

（一）水稻育苗的基本方式

按灌溉水的管理方式的不同，水稻育苗可分为三种方式，即水育苗、湿润育苗和旱育苗。

（1）水育苗主要是水整地，水作床，带水播种。育苗全过程除防治绵腐病、坏种烂秧及露田扎根外，都建立水层。

（2）湿润育苗主要是水整地，水作床，湿播种，出苗后根据秧田缺水的程度，间歇灌水，以湿为主。

（3）旱育苗主要是旱整地，旱作床，旱播种，人工浇水补水，整个育苗过程不建立水层，秧田后期可以沟灌润水或视情况灌跑马水。

按育苗方法的不同，有裸地育苗和塑料薄膜保温育苗两种方式。保温育苗因栽培方法和地区不同，又有塑料大棚、中棚和隧道式拱棚育苗或平铺育苗。按播种下垫不同，有无土育苗和有土育苗，有露地播种育苗和隔离层育苗（软盘、钵盘、有孔地膜及其他物质）。还有旱田、园田、庭院、大地高台及本田育苗。按保温材料的不同，有塑料薄膜有孔、无孔薄膜覆盖、无纺布覆盖和地膜双层覆盖等育苗方式。此外，还有宽床、窄床育苗及开闭式上通风和下通风等育苗方式，具体用哪种方式则应因地制宜，根据实际情况运用。

北方稻区水稻生育期间短，品种均属于早熟或极早熟粳稻，感温性强，高产插秧适期短，对秧龄的要求严，弹性小。正确地选择秧苗类型发挥品种的增产潜力、适应不同的移栽方式及确保安全出穗成熟均具有重要意义。概括起来，秧苗类型可分为小苗、中苗、大苗三种类型。

（1）小苗指的是叶龄为2.1～2.5叶，秧龄为20～25天的秧苗。每盘播芽种（发芽率为90%以上，下同）200克左右，株高10厘米左右，胚乳养分移栽时未用完。苗小较耐低温，可适当早插。但由于苗小，不便于用手插而适于机械插秧，对本田整平及插后水层管理要求严格，特别是在本田生育时间较长，容易延迟抽穗期。此种苗对于大面积机械化生产的黑龙江寒地稻作区不太适用。

（2）中苗指的是叶龄为3.1～3.5叶，秧龄为30～35天的秧苗，是生产中应用面积较大的秧苗类型。苗高13厘米左右，百株地上干重3克以上。根据插秧方式不同，可分为机插中苗和手插中苗、抛秧中苗。其主要差别是机插中苗为防止漏插，播种量相对密些；手工插秧没有漏插问题，可适当稀播。一般机插每盘播芽谷100～110克；手工插秧每平方米播芽谷250～300克；抛秧每穴播芽谷3～5克。播量不同，秧苗的素质差异较大。如不选择秧苗类型，手工插秧用机插苗，则不能发挥人工插秧可用稀插壮秧的增产优势而招致减产；反之，机插秧用手工插秧苗，容易漏插而导致减产。所以，在育苗前应根据插秧方式，选择秧苗类型，采取相应的育苗播量。

（3）大苗指的是叶龄为4.1～4.5叶，秧龄为35～40天的秧苗。苗高17厘米左右，百株地上干重为4克以上的秧苗为大苗。每平方米播芽谷250克左右，稀播育带蘖壮秧，用于人工移栽或抛秧。

（二）旱育苗出苗前的管理措施

（1）为保证早出苗、出齐苗，旱育苗出苗前要做好苗床保温工作。主要是增加薄膜的透光性和防止因作业及大风等造成的破损，注意提高温度。及时修补破损处，及时清除农膜上的积雪和灰尘。有寒潮时，夜间应在农膜上盖上草包片或草苫，但要防止压垮塑料棚和拱架。

（2）播种前只要浇透底水，在上下土层没有干隔子而湿土相接的情况下，出苗前不必补水。否则，床土水分不足或不均匀，会影响出苗和齐苗。如发现表土干燥发白应及时补水。相反，床土湿度过大或返浆重的地块，应揭膜晾床，降低床面湿度，防止坏种烂芽。如幼苗出土时顶盖，千万不要揭除，最好用喷壶浇水或轻轻敲打，使顶盖塌落沉实，露籽处用土覆盖好，以提高出苗率和成苗率。

（3）防治鼠害可用磷化锌等鼠药与玉米、谷粒等作毒饵，撒在苗田周围或床面上。防治蝼蛄可用敌百虫毒饵撒在苗床上或者在苗床喷施0.1%的敌杀死，喷药后高温闷床，都可有效杀死蝼蛄。

秧苗青头后，应及时揭除衬铺在床面上的地膜，防止高温烧苗。揭除地膜的同时，要浇一次水。这是非常重要的。

（4）北方的春天三寒四温，天气变化剧烈而频繁，播种后即应加强管理，保证苗齐苗全，方能培育出健壮的好苗。此时是旱育苗成败的关键时期，既要防止高温低温的危害，防止床涝，也要防止水分不足；既要防治立枯病，也要防止青枯病的发生，同时要防止杂草危害。

①温度管理：出苗前尽量保温，但并非温度越高越好。虽未出苗，如上午温度达到36℃以上，也应通风降温或遮光降温，防止高温灼芽哑种。如果床内温度超过40℃，只要1~2个小时，就会哑种不出苗。出苗、齐苗前后，温度控制在30~32℃。1叶1心期，温度控制在25~30℃。床外温度达到15℃时就应通风炼苗。夜间要盖好盖严，防寒潮和霜冻造成危害。遇有霜冻预报，有条件的可往步道沟灌水保苗，好天将水排出。2叶1心期，床内温度应保持在20~25℃之间，根据苗情和天气决定通风炼苗的时间，根据风力和风向调整通风口的大小、多少、位置和方向，以控制床内温度。

揭膜前3~5天要大通风，阴雨天夜间可不关闭通风口，逐渐达到昼揭夜盖，直到夜间也不覆盖农膜的目的。晚霜过后揭掉农膜。

②水分管理：出苗前只要播种前浇透底水，一般不再补水。出苗后应适时适量补水。当苗出齐并已全部青头时，一定要根据苗床的水分情况浇一次水，但决不能灌水。以后随秧苗的生长，适当补水，补水原则是床土表面变白，就要补水。补水可以浇淋，也可以沟水润灌或灌跑马水，灌后要及时排水。补水时间要避开一天的高温时间，应在上午10时前或下午3时以后进行。

③苗田灭草：苗田灭草应以播后出芽前灭草为主，播种覆土后不露籽，保持覆土湿润。每22.5平方米的标准床，用60%丁草胺5~7毫升，对水7.5千克后喷到覆土上，杀草效果好，剩余药液宁肯倒掉，也决不重喷，防止药害，也可用封闭安毒土封闭。播后芽前除草可用60%丁草胺乳油与恶草灵1:1对水混合施用（每种药每22.5平方米3毫升），杀草谱广而且安全。如果用快杀稗苗田除草，苗田改种旱田作物，对后作有药害。

出苗后如仍有较多稗草，可根据情况喷施20%敌稗乳油，每22.5平方米50克，对水5千克，于稗草2叶期喷施效果最好。喷药后，在药液干时盖上农膜，24~36小时内不浇水，以防降低药效。

④防治好立枯病：水稻出苗后防止低温冷害和高温徒长是防治立枯病的基础。施肥均匀，促进根系生长是防治立枯病的关键。1叶1心时，喷施敌克松1500倍液；2叶1心时，喷施1000倍液，每平方米用药液1千克。对立枯病均有较好的预防效果。也可用立枯一次净来防治。喷药时应选晴天、无风、露水干时，效果好。如床土干，可先浇水湿润床面再喷药液。

（三）旱育苗揭膜后的田间管理

旱育苗揭膜初期，先不要把农膜撤走，如有低温寒潮来袭，可以临时用以披盖护苗，防止秧苗受损。待气温稳定上升时再撤掉农膜。揭膜时，秧苗正处在3叶1心至4叶期，外界气温高、风大时，应加强田间的肥水管理。

（1）揭膜后外界蒸发作用增大，秧苗蒸腾作用增强，苗床极易缺水，应注意及时补水。揭膜前3～5天浇一次水，揭后每隔1～2天浇一次水，以后每天浇一次水，有时甚至一天浇几次水。有条件的地方，可在步道沟中灌水，露地育苗水深与苗床高度相当。隔离层育苗水位要高于置床，超过苗床底部，靠静水压力向苗床滋润供水。无特殊情况决不建立水层，以培养耐旱的壮秧。

（2）秧苗追过离乳肥后，3叶期要追施一次氮肥，以后追肥视苗情而定。原则是看苗色、苗的长势灵活施肥，如秧苗发黄，植株矮小、瘦弱，则应追肥。每次追肥数量以每平方米50克硫铵为宜。因旱育苗不建立水层，以追硫铵水溶液为好。每次追肥后都要用清水淋苗，洗去叶面上黏附的肥料，以防肥料伤害苗。当然也可撒施，但要均匀，撒后要浇水。无论秧苗长势如何，插秧之前3～4天都要施一次送嫁肥，以利于插后返青，提早分蘖。

插秧前结合其他田间作业，拔除一次大草。在临近潜叶蝇发生季节插秧的秧田，应在插秧前3～4天喷施一次吡虫啉系列的农药，预防潜叶蝇的发生。

二、水稻育苗技术典型介绍

（一）宽床开闭式旱育苗

以往窄床旱育苗床宽1.1米，长15米，每床面积16.5平方米；宽床开闭式旱育苗床宽1.8米，播1.5～1.6米，每床面积22.5平方米。窄床采用单幅农膜覆盖，宽床则由两幅农膜覆盖，两幅农膜的重叠处，就是通风口，利用通风口进行炼苗、浇水、施肥、喷药等作业。窄床单幅覆盖农膜，通风炼苗由苗床四周开口；宽床双幅覆盖农膜在床的顶部留有通风口，开口容易，作业方便。宽床开闭式旱育苗改变了通风炼苗方法，是水稻育苗的一大进步。

宽床开闭式旱育苗的做法：

（1）选好秧田。一般选择园田地、旱田地、菜地、大田高台或本田的高燥排水良好或盐碱轻的地块作为秧田。

（2）精细整地作床。整地作床与一般旱育苗相同，苗床宽1.7～1.8米。

（3）铺好营养土并作好播前苗床处理。

（4）稀播种为壮苗打好基础。要定量播种，杂交稻每平方米播量不超过150克干种，常规稻每平方米不超过200克干种。要精细播种，使种芽与床土紧密接合，压紧拍实，覆土要严、均匀、不露籽。覆土后封闭灭草。

（5）覆盖地膜。喷完除草剂，马上用地膜覆在床面上。地膜与床面等宽，四周用土封严，以利保温。

（6）搭架盖农膜。骨架长2.5米，每隔0.5米插一根成拱形。骨架距离相等，架高一致。插架后拉好龙骨，然后盖农膜。使用与播幅等宽的两幅农膜，盖膜时先盖苗床顺风一侧，后盖另一侧，把双幅农膜重叠处搭好、搭严，然后拉好防风绳。

（7）苗田管理与旱育苗出苗前后及揭膜后的管理相同。

（二）水稻软盘育苗

软盘育苗是在宽床开闭式旱育苗基础上发展起来的一种规范化的隔离层育苗。以旱育的苗床为置床，在置床上摆上长、宽、高、为58厘米×28厘米×2.5厘米的钙塑软盘（软盘底孔直径4毫米，孔间距14毫米，全盘7.60孔），在软盘中装上营养土播种育苗。这就是软盘育苗。

软盘育苗是在旱育苗基础之上发展起来的，一些技术环节与旱育苗基本相同，下面介绍软盘育苗特有的技术要求：

（1）软盘育苗技术的品种选择十分重要。软盘育苗播量比常规育苗法相对大些，秧龄短，叶龄小，秧苗生育有延晚的倾向。因此，应以选择在当地正常生育期内安全抽穗、安全成熟的中熟品种为主，适当搭配中晚熟品种。

（2）要合理确定育苗播种期。软盘育苗移栽时叶龄仅为3.5天，秧龄为30～35天。因此应在水稻移栽期前35～37天播种。

（3）要保证育苗的合适播种量。软盘育苗的种子一定要纯度高、籽粒饱满，发芽势和发芽率要求在95%以上。软盘育苗移栽适期短，仅为5天左右，应根据水田面积、劳力情况和插秧进度等安排好播种期，实行分期播种。播种量要根据移栽方式而定。机械插秧每盘播量稍大些，可播干种100～110克；人工插秧每盘播量可小些，一般可播干种50～60克。早插秧，秧龄小，播量可大些；晚插秧，秧龄长，叶龄大，可适当稀播。

（4）软盘育苗对置床的质量要求较高，床面要平整，床土细碎，床间高度一致，做到沟沟相通，排水方便。要求早整地、早作床、早找平，必须浇透底水方能播种，否则出苗不齐。

（5）苗床酸化处理、营养土的配制及使用同一般旱育苗。

（6）摆放金属框架前要检查置床水分是否浇足浇透，床面不平的要整平。摆放框架时框架紧靠床边，两床边拉好线，苗床横向摆放软盘，一组放5个软盘，15米长的苗床摆放24组共120个软盘。软盘底部紧贴在置床上，不能有支空和塌陷，然后把软盘的四边竖起，高矮一致，紧紧相依。

（7）摆完软盘后要填装已配制好的营养土，装满后用木板刮去多余部分，全床摆盘装土完成后浇水沉实。出现高低不平的现象时，用营养土找平。营养土厚度为2.5厘米。沿床边、软盘边用土培好，防止边床盘边脱帮，确保盘边直立。

（8）一个苗床摆完盘，装营养土后，浇1500~2000倍液的敌克松，每盘1千克，以起到消毒和供水的作用。如水分仍然不足，再浇水补充，浇透为止，软盘底部与置床表面不撂干隔。

（9）按播种前的严密计划，实行定量播种。播完后将种子拍入床土2/3处，再覆盖0.5~1厘米厚的过筛细土。然后用药剂封闭灭草，盖地膜，插龙骨架，最后盖农膜。

（三）高台育苗

高台育苗是水稻大地高台育苗的简称。这种育苗打破了水田原来的秧田布局，改平地育苗为高台育苗，改集中育苗为单床排列育苗，改一年一选苗田为常年固定秧田，改引水漫灌为需水浇灌，实现了育苗大地园田化，克服了大地秧苗土质板结、地温低、土壤水分大、不易发苗、成苗率低、不易培育壮秧等缺点和大地育苗的不利因素。它的具体做法是在水田条田排水沟附近或能够在春季提供育苗用水的地方，修筑床高距地面30厘米左右的高床。由于具备蓄水排水的条件，可实现大田旱育苗浇水作业，因此可克服大田育苗的不利因素，创造壮秧的生长环境，是水稻育苗的一项重大改革。

高台育苗应注意的环节：

（1）修筑高台，在水田排水沟的埂埝修成高30厘米、宽1.8~2.0米的高台。结合秋季修渠清淤等取土做成高台，春季再铺些肥沃的园田土或田间表土。注意要压实床土，打碎土块，防止土块塘桥遇雨水后塌床断裂，影响育苗和秧田的生长。

（2）施底肥后挠平挠匀，浇水润床。

（3）苗田管理与炼苗，与宽床开闭式旱育苗相同。注意防鼠防蝼蛄，防治立枯病，加强温度、湿度管理。

（四）水稻隔离层育苗

隔离层育苗是在整平的苗床上先铺一层隔离物，如编织袋、草纸、旧农膜、有孔地膜、无纺布或稻壳炭等。在隔离物上再铺不低于2厘米厚的营养土，然后播种育苗。软盘育苗和钵盘育苗亦当属此种。

因隔离层在营养土和种苗的下面，具有渗水透气、增温隔凉及隔盐碱的作用，因此可为秧苗的生长创造良好的环境条件。尤其在低洼地、滨海盐渍土和内陆碱地上应用效果更为明显。此种育苗方法可提高保苗率，减少黑根苗，有利于培育壮秧。这种方式起运方便，基本上不伤根，移栽后返青快，发苗早，长势旺，容易高产。

隔离层育苗的管理应格外注意的是对水分的要求比较严格，播前一定要浇透底水，苗期要经常检查，缺水要及时补水，否则出苗不齐，揭膜后要注意防治青枯病。

（五）有孔地膜做隔离层育苗

利用有孔地膜做育苗隔离层是完全可行的，现在用这种方法育苗已经很普及了。具体做法是把孔距4厘米×4厘米或5厘米×5厘米、孔径4～5毫米的地膜，铺在整平湿透的置床上，在地膜上铺营养土育苗，起秧时根据移栽要求，切割成所需大小的秧片。育苗的一切过程包括水肥管理和温、湿度控制等，都与一般隔离层育苗方法相同。

其优点是轻捷简便，省工省力。与钙塑软盘育苗相比，省去了很多摆盘的人力物力。例如，15米×15米的苗床需软盘120枚，按每枚0.4元计，需48元。而同等面积的苗床如用有孔地膜，则只需22.5平方米，按每千克10元计，只需0.5元。

（六）无纺布育苗

用无纺布代替塑料薄膜覆盖的育苗叫无纺布育苗。无纺布育苗的选地、整地、作床、播种等与普通旱育苗、软盘育苗或钵盘育苗完全相同，只是用无纺布代替农膜保温护苗，其苗田管理与炼苗的方法与众不同。其主要技术环节是播种后床面铺衬地膜，苗床周边起20厘米高的土埂，再覆盖上无纺布并将其拉直、拉平，使无纺布与床面之间保持20厘米的距离。也可像一般育苗那样起拱棚，在拱棚上盖无纺布，盖严拉直。由于无纺布很轻，可不用防风绳，只要把无纺布底脚用泥土压好封严即可。待秧苗出齐后，撤去地膜，将无纺布重新覆盖上，直到插秧前再撤去无纺布。

因为无纺布透气透水，在整个育苗炼苗过程中无需通风炼苗，除秧苗现青时撤掉衬铺地膜之外，无需揭开无纺布，苗床缺水时在无纺布外浇水，就完全可以淋到苗床上，并能达到浇水润床补水的目的。前期床内温度比农膜覆盖的温度低，失水少，而浇水的次数也少。前期秧苗生长矮小、缓慢，但后期外界气温上升时，秧苗长得较快，容易培育出健壮的秧苗。无纺布育苗没有立枯病和青枯病发生。这种保温育苗的方法适合在辽宁中、南部稻作区中熟、中晚熟品种或辽北早熟、中早熟品种中应用。

采用无纺布覆盖育苗时，必须选用水稻育苗专用无纺布，即添加了强化剂和抗老化剂的育苗专用无纺布。市场上出售的一般无纺布的厚度和强度都不能满足水稻育苗要求。因此，不能用作水稻育苗覆盖材料。

（七）水稻钵盘育苗

由专用的钵盘代替塑料软盘或其他隔离物育苗，叫钵盘育苗。钵盘是为适应抛秧栽培所设计的育苗秧盘，由塑料板压制而成。这种秧盘育出的秧苗带有不易散碎而又互相分离的土坨，运输也很方便。

钵盘的规格一般长宽为 60.3 厘米×32.6 厘米，有 561 个钵孔。钵孔为上部直径 18.5 毫米、下部直径 11 毫米、深不小于 16 毫米的截锥形，底部有直径 3 毫米的孔。秧苗的根可以穿过钵孔吸收置床上的水分和排出钵孔中多余的水分。每个钵孔可装土 3 克。钵盘育苗时需把钵体插入置床表层，与土紧接成一体。

钵盘育苗的好处是，每盘的营养土比软盘育苗的用量减少一半。移栽时全根下地，植伤轻，返青快，分蘖早，分蘖节位低，早熟高产，移栽省时省力，既可抛秧也可摆秧，适于人工和机械作业。

钵盘育苗播种大体上有三种方法：

（1）种土混合播种。将种芽与营养土按比例混合均匀，装在钵盘上，用木板刮平盘面，然后浇水沉实后再覆盖一层薄薄的覆盖土。覆土时不能太多，孔穴间不能有土，以防止后期秧苗串根，影响抛秧质量。这种方法比较简单，省工，播种速度快，但种子在钵孔中深浅不一，出苗整齐度稍差，同时易出现个别钵体无种的盲穴。

（2）先装土后播种。先装土，浇水，然后将种子均匀地撒在盘面上，用木板把种子抹入泥中，再覆土。这种方法播种的质量好，播种深浅一致，没有盲孔现象发生，但播种速度较慢。

（3）泥播法。此法适于沙性较重的地区和土壤。先把配制好的营养土和成泥状，抹入钵孔内，然后均匀播种，将种子压入泥中再覆土。此法利于砂壤土保墒和秧苗成坨。

钵盘育苗的管理与软盘育苗基本相同。不同之处首先是在选种之前要进行脱芒处理，要把有芒的品种的芒和枝梗脱掉，以保证播种时不支空，好播种。其次，在苗田管理上要特别注意防治生理性立枯病。播前要浇透底水，因钵盘孔穴小，装土少，容易缺水吊干，影响出苗。秧苗出土后缺水易得立枯病。秧苗齐苗后要浇一次透水，随秧苗的生长，适当增加补水次数。一般每隔 1 ~2 天浇水一次。揭膜后床土蒸发量增加，适当勤补水，防止失水干枯。抛秧前一天必须浇一次水，以便于起苗。

（八）水稻免疫育苗

水稻免疫育苗技术是无土栽培技术的一种。它是在水稻育苗时，以岩棉作基质，全程应用专用的营养液，通过多种生态措施的调控，创造免疫环境并促使秧苗自身产生免疫性，能健康茁壮地生长，从而获得无病壮秧的方法。其原理如下：

（1）整个育秧期内，创造一个无菌或病原菌量极少的秧苗生长环境。如不带病原菌种子、无菌苗床基质、无菌的营养液等，起到了预防免疫的作用。

（2）在水稻育苗中，不以调制剂、杀菌剂、生物激素等治标措施为主，而是启动秧苗自身的免疫活性，从治本入手重视调动植物的免疫功能，获得免疫性。如通过多种氨基酸和多种微量元素来调整和调动免疫功能。

（3）创造水稻育苗的最佳生态环境，而不利于病原菌的生存、浸染和发生发展及致病的生态环境。秧苗按自身的发育规律生长，新陈代谢活动十分协调，充分发挥自身潜能，从而启动水稻的抗病基因，使其活化表达。

免疫育苗除能启动水稻秧苗自身免疫功能，促使秧苗按自身发育规律生长，培育出健壮的秧苗外，还能有效地排除外界环境的不利影响。如主要的土传病害立枯病、青枯病、恶苗病等。其他许多因子，如盐碱、土壤 pH 值不当及不适当的温度和杂草等，都可促进病害严重发生而干扰培育壮秧。而免疫育苗正是针对这些环境条件的干扰，趋利避害，是一种全新的水稻育苗方法。

目前水稻免疫育苗虽有一定面积，但更深的理论及启动抗病基因的方法仍在进一步研究。育苗基质——岩棉，虽然满足水稻育苗的要求，但移栽有困难，岩棉在土壤中也不易分解和降解。目前推广面积不大，但从长远看，这将是一种水稻育苗的方向。

（1）选地势高燥、背风向阳、便于管理、有水源的地方为秧田。

（2）水稻育苗时先作床覆膜。苗床规格为宽 1.5～1.8 米，高 5 厘米，长短可视场地随意调整，步道宽 0.4 米。可做平床和低床，以降水不存水为准。床面必须整平，高低差不超过 0.5 厘米，也可分段整平。然后床面铺上较厚的地膜，达到床平不漏营养液的要求。

（3）苗床上要铺适量的茎度。按每平方米 1 千克岩棉浸入营养液，浸好后取出，均匀地铺絮在苗床上，厚 1.5 厘米。铺匀后用木板轻压，有条件的可按苗床宽度加工成岩棉絮片，直接铺在苗床上。

（4）适时播种也十分重要。播前向基质上浇足营养液，至岩棉呈饱和状。按每平方米 0.35～0.45 千克湿籽均匀播撒，播后用小木板轻拍，种子不要起堆。覆盖 0.5 厘米厚的水洗河沙，或用细炉渣、碳化稻壳，或消过毒、无草籽、喷过 500 倍液敌克松的过筛细土。覆盖地膜，增温保湿，搭成拱棚，开闭式双幅农膜覆盖。

（5）青头揭地膜，防止高温伤苗。炼苗管理与一般旱育苗相似，但最要注意的是及时补水，使床面保持湿润状态，只浇清水，不浇营养液。

（6）为增加低位分蘖，3.5 叶龄时应及时移栽。若移栽过晚，秧根缠绕不易分秧；如不及时移栽，需喷多效唑延长秧龄。边移栽边揭农膜，为防止低温冷害，增加有效积温，插秧时苗床农膜要昼揭夜盖，边移栽边撤膜。

(7) 为了促进水稻快速生产，需要配制和施用营养液。营养液浓度为在1000千克水中，加入1号专用肥2千克，2号专用肥0.3千克。两种肥料分别以少量水溶解，然后倒在一起混匀。此时营养液电导值为1.6~1.8欧姆，pH值为5.1，施用时按播种至2叶期营养液pH值为4~5，3叶期以后pH值为5~6。营养液的pH值可用少量工业硫酸调整。前期每5天浇施一次，后期逐渐缩短，施用量以不积水为度。如遇低温可浇施1~2次2倍标准浓度的营养液。

(九) 工厂化育苗

工厂化育苗是在经济发达稻区和城市郊区应用的大棚或中棚集中育苗的方法，是适应机械插秧而实行的规模化、标准化育苗。工厂化育苗省工省种、省苗地、省农膜、省化肥、省水电费、不受自然条件限制。倒出的苗地可以种植蔬菜及其他作物。虽然这种育苗方法优点很多，但一次性投资大，成本高，所需设备较多，如大棚、破胸催芽器、自动或半自动播种机、蒸气出苗室、浇水泵和育苗盘等，目前没有大量发展。

稻田选地要以培育壮秧为目的，以便于管理为重点，根据水田的分布状况，选择地势平坦、高燥、背风向阳、排水良好、有水源条件、土壤偏酸、比较肥沃且无农药残留的旱田地，按水田面积的1/80左右的比例，建立适当集中的大棚或中棚高台育秧场地，既便于技术指导，又便于种植户的相互学习，提高旱育壮苗的水平，为水稻超高产打下良好的基础。

(1) 秧田选定后，要做好规划设计工作。要确定水源（引水渠系或打井的位置）、晒水池、秧田道路（宽3~4米），划定苗床地（寒地稻区建议选用大棚或中棚育苗，大棚或中棚的宽度、棚间宽度及数量）、堆放床土及积造堆肥用地、挖设排水系统（棚间及周围）、栽植防风林位置，做好秧田规划图等，为建立高标准工厂化育苗创造条件。

(2) 按照规划设计，做好旱育秧田的基本建设工作，形成常年固定且具有井（水源）、池（晒水池）、床、路、沟（引水、排水）、场（堆肥场、堆床土场）、林（防风林）的规范化秧田，为旱育壮苗提供保证。特别是引排水沟要做到沟沟相通，使苗床内及沟间积水及时打出，确保旱育状态。有条件的地方可架设贮水灌，实施管道供水，微喷给水，提高旱育壮苗的水平。

在秧田规范化建设上，应实现“二化”48字标准，即选地规范化、棚型标准化，做到：床体高台，床面平整；三级排水，沟沟相通；常年培肥，土肥早备；棚型规范，排列有序；道路畅通，功能齐全；机械精播，微喷给水。

工厂化育苗中的“两秋三常年”是指根据寒地生态条件，为提高工厂化育苗的水平，应采取“两秋三常年”的水稻育苗技术，为培育壮秧打下良好的基础。“两秋”即秧田秋整地、秋作床；“三常年”即秧田常年固定、常年培肥地力、常年培肥床土和积造有机肥。

通过“两秋”提高秧田的干土效果，增加土壤养分释放，缓解春季农时紧张，提高旱育秧田的质量，这是壮苗所必需的。具体做法是：在秋季前，将置床浅翻15厘米左右，并粗耙整平，按秧床的大小修成高10厘米左右的高床。同时挖好床周边的排水沟，疏通秧田各级排水，为排除冬春积水做好准备，确保秧田呈旱田状态。

秧田的常年固定是实现工厂化育秧的前提和保证，只有秧田固定了，才能常年培肥地力，秧苗移栽后，要对秧田进行耕作施肥，栽种其他作物，达到培肥置床的目的。在夏秋季节要将床土及有机肥准备充足，为培育壮秧创造条件。工厂化育苗的主要程序和技术环节，除备足良种、搞好种子处理并必须脱芒外，与一般育苗相同。

(1) 为便于播后出苗快并整齐一致，一般需催芽播种。工厂化育苗催芽最好用自动破胸催芽器催芽，出芽快而一致，然后用脱水机脱水晾芽。

（2）建大棚是工厂化育苗的主要技术环节之一。它的优点是空间大、采光好、增温快、保温强、操作方便、成本低、有利于防御春寒以及培育旱壮秧。建大棚要本着就地取材、坚固方便的原则，高度以适合作业就可以。一般规格高1.5～2.7米，宽5～6米，长度可灵活掌握。简易的可用竹木结构、拱形骨架；有条件的可用铝合金管、镀锌铁管、钢筋等材料。塑料大棚膜应是无毒、耐低温、防老化的农膜，棚顶塑料为一整体膜，棚裙膜的底脚埋在土中，顶棚膜与棚裙膜分别固定在骨架上。为防止风损棚膜，在农膜外骨架间顺骨架方向勒上尼龙绳，压紧、固定牢靠，防止松动。大棚的走向应与当地育苗期间主风向平行，大棚排列应因地制宜，距离至少留出1.5米作业道，周围挖好排水沟，同时要安排好作业室，装好水电设施和催芽、播种机械及出苗室、秧盘，并备好营养土等物资。

（3）与一般旱育苗相同，大棚内一般做两排置床，中间留出50厘米宽的作业道。

（4）播种时摆秧盘、装土、整平、浇水、播种、覆土全部由机械完成。自动化播种需12人操作，每小时播种500盘左右；半自动手摇式播种机播种需15～20人作业，每小时可播种300盘左右，在作业中应经常检查和排除故障。

（5）播种后各时期都要进行秧苗管理在播种后进入蒸气出苗室，在适宜的温度和光照条件下，稻芽不断生长，露出土面1厘米左右，种子根长到3厘米，这一过程叫出苗。这一期间注意检查和排除蒸气出苗室的故障。播种后加温到稻芽出土约需48小时，出土后温度降到25℃，再经过24小时，就可以出室。出室前1～2小时，要每隔1小时检查1次，以便降温出室，外界气温低时应上午出室。该出室时不出室则出苗过长，易造成白化苗。出室后的秧苗要进行绿化管理。蒸气出苗室出来的苗为1～1.5厘米的白嫩芽，经在置床上适宜光照、温度、湿度下，由白色逐渐转为绿色，称之为绿化期。

此时应该注意的是刚从蒸气出苗室出来的种芽不能骤遇强光高温（温度25～30℃为宜），否则易受灼伤，并发生生理障碍，轻则干枯，重则出现白化苗现象。为此要在秧盘上罩盖纱布或其他遮光覆盖物，以减弱强光照射。2～3天后秧苗转绿并长出新叶后，揭去遮光物。其他管理与软盘育苗相同。秧苗长到1叶1心时绿化期结束，进入炼苗期，也就是硬化管理期，这一时期的管理方法与软盘旱育苗相同。

（十）有孔薄膜保温育苗

在农膜上按一定规格凿成孔眼带，用以覆盖在苗床上保温，即为有孔薄膜保温育苗。这种育苗方法适合温度较高的地区应用。其特点有：

（1）保温保湿性好。播后床面覆盖地膜，保温保湿性能好，苗出得齐，成苗率高。

（2）秧苗素质好。撤除地膜后，床内温度在外温上升时比无孔薄膜的低，有利于促进根系发育，没有徒长现象，地上地下生长均衡，秧苗矮壮，根系发达，插后返青快，分蘖早。

（3）减少炼苗用工。因秧苗生长前期床内温度相对较低，幼苗3叶期以前靠农膜的孔眼自然调温。3叶期后，外界气温升高时才通风降温炼苗。同时也避免了立枯病、青枯病的发生和蔓延。

有孔薄膜保温育苗应注意的技术环节：

（1）制作有孔薄膜时，在覆盖保温用的农膜的中间部分，用特殊凿孔器凿成70～80厘米宽的孔眼带，孔距4～5厘米，孔径4～5毫米。

（2）播种期比正常无孔薄膜覆盖晚5～6天，播种和种子处理与一般育苗方法相同。

（3）播后床面要衬铺与床面等宽的地膜，再在龙骨架上覆盖有孔薄膜。

（4）有孔膜育苗，出苗撤出地膜后床面易失水，应注意及时补水。补水时不用揭膜，从孔眼中淋浇即可。3 叶期以前不必通风炼苗，3 叶期开始，逐渐通风炼苗。

有孔薄膜育苗和无孔薄膜育苗的区别：

（1）农膜有孔无孔不同。

（2）适应地区不同。有孔膜适于南部高温稻区，播种期一般要延后 5 ~6 天。

（3）通风炼苗不同。有孔膜秧苗 3 叶期以前不通风炼苗；无孔膜 1 叶 1 心时就得通风炼苗。

（4）有孔膜的秧苗前期长得慢、长得矮，生长均衡，后期生长快，不徒长；而无孔膜床内温度高、秧苗易徒长。

（十一）乳苗抛栽

所谓乳苗，顾名思义，是指还完全自养、没有离乳的幼苗。向本田抛撒乳苗的栽培方法，就叫乳苗抛栽。培育健壮乳苗的主要技术环节如下：

（1）育苗场的选择要根据栽培面积大小而定。栽培面积小的可于温室大棚或庭院中搭盖拱棚；栽培面积大的地区，可在田间有水源的地方，选择背风向阳、地势高燥、排水良好的地方育苗。每亩本田育苗面积为 0.33 平方米。

（2）种子处理与常规育苗一样，催芽以种芽破胸露白为宜。

（3）抛栽的乳苗需要包衣。包衣剂的主要成分为黄黏土、细沙、干稻草灰，各占总体积的 1/3。按 5 千克干种子计算，需黄黏土 1 千克，细沙 1.1 千克，干稻草灰 0.2 千克。将三者混合均匀，再用 1000 倍液的生根剂或动力 2003 水溶液倒入沙土灰的混合物中，搅成泥糊。然后将催好的种芽与泥糊混拌在一起，使每粒种芽都能挂上泥糊。包衣挂糊的作用一是促进秧苗扎根，加快返青进程；二是增加种子的重量，便于抛苗后立苗；三是小灰除有供养作用外，抛苗后落在水中的颜色较深，起标记作用，便于调整密度。

（4）合理育苗和育苗期管理做好苗床，在苗床上铺一层稻草，在稻草上铺上较厚的农膜。然后将包衣好的种芽摊铺在农膜上，摊铺厚度为6～8厘米，再插龙骨搭盖拱棚（日光温室中可省去）。育苗温度控制在25～30℃，温度高时可通风降温或遮光降温，保证乳苗出苗整齐、不盘根和受光均匀。每天上下午各翻动一次种芽。缺水时用细眼喷壶淋浇补水，不可大水浇灌，防止冲掉包在种子上的泥糊。经过7天左右，乳苗叶片尚未展开，普遍呈现绿色，苗高3厘米左右，具有3～3.5条种子根，根长2.5～3厘米，即为适宜的健壮乳苗。

为保证乳苗抛栽获得高产，乳苗育苗的开始日期应是抛栽前7天育苗、抛栽前10天催芽，应作好计划，分期进行播种育苗。

（十二）两段育苗

水稻两段育苗是北方近年来为了不断地提高水稻产量和品质，利用生育期相对较长的品种，充分发挥品种的增产潜力，充分利用有效积温而采取的一种育苗方法，它与南方的两段育苗有较大差异。所谓的两段育苗其实就是把育苗分成两个阶段进行。它是根据本地生育期间的积温，采取比当地主栽品种主茎叶片多1～2片叶的品种，利用温室或在室内先无土育苗至1.5叶左右，再移栽到室外大棚内定植的一种育苗方法。它的优点：一是可以充分利用有效积温，解决寒地稻区常年积温低、生育不良的矛盾；二是可以利用生育期相对较长的品种，增加生物产量，提高品质；三是提高产量，增加效益。

两段育苗技术从移栽到苗床以后与旱育稀植技术基本上一样，只是在移栽前不同，主要技术要点如下：

（1）应选择比当地主栽品种主茎叶片多1～2叶的优质、高产品种，不应选择过晚熟的品种。

（2）在当地气温稳定地通过5℃时为适宜的移栽期。因此，播种期应在气温稳定通过5℃时的前15～20天，播种时选择适当的容器，采用无土栽培的方式进行。

（3）出苗后要保证秧苗分布均匀，并有充足的水保证稻苗的正常生长发育。

（4）当小苗长到1.5叶左右时，就可移栽到大棚里，密度要适中，一般叶龄在5～6叶时就可栽插到大田。

（十三）水稻园田育苗

园田旱育苗是利用房前屋后的园田地进行水稻育苗的一种方式。园田地土壤条件好，气候得天独厚，具备培育水稻旱壮秧的理想条件。

水稻园田地育苗应注意的问题有以下几个：

（1）要浇透底水。园田地一般地势较高燥，土质疏松，水分易下渗，苗床常易出现旱象。因此，应浇透底水，经常检查，及时补水，防止立枯病的发生。

（2）不施或少施肥料。园田地较肥沃，营养全，一般可不施或少施农家肥。如施农肥，必须用腐熟细肥，实行全层施肥，使土肥相融。追施化肥要少吃多餐，看苗施肥。

（3）重视土壤酸化。园田土pH值大都在7左右，培育稻苗时pH值偏高，应调酸或施好土壤调制剂、壮秧剂等。

（4）防治地下害虫。园田地施农家肥较多，距离家庭近，趋腐食和趋光性害虫较多。因此，应注意防治地下害虫，尤其是注意防治蝼蛄和鼠害。

三、选好育秧田地

（一）水稻育苗的田地选择

选好育秧地是培育壮秧的基础。应注意以下几点：

(1) 选择地势高燥、排水良好、土质肥沃、疏松、通透性适中，保肥保水、无草籽、无盐碱、pH 值在 4.5 ~5.5、早春地温回升快以及有机质含量较丰富的地块。不要选择低洼冷凉、盐碱重的地块，更不要选择在漏风土地段上育苗，防止土壤通冻后，苗床塌陷造成损失。

(2) 水源方便，既能供水又能排水的地方最适育苗，如园田地、蔬菜地、靠近水源的旱作地。

(3) 如在水田育苗，应避开返浆严重和草碳土质的漏风土。

（二）秧田整地和作床

(1) 整地是育秧工作中至关重要的一环。为秧苗生长创造良好的土壤条件和生态环境，才能培育出理想的壮秧。整地春秋皆可，不提倡犁翻，最好进行旋耕松土。坚持早整，早找平。整地后，施优质腐熟的有机农肥，使之与土壤融为一体，混合均匀。

(2) 作床质量直接影响播种质量和秧田管理，可以春作或秋作。如果是宽床开闭式旱育苗，作床宽 1.7 ~1.8 米，床高 10 厘米，步道沟宽 30 ~40 厘米，标准床长 16.5 米，可视情况确定苗床长度。标准床播幅 1.5 米，净播苗床长度 15 米，面积为 22.5 平方米。要坚持早整地，早做床，早找平，再施以优质腐熟细碎农家肥，此外还要施速效化肥，每平方米施硫酸铵 50 克，硫酸钾或氯化钾 25 克，过磷酸钙 80 克或磷酸二铵 15 ~20 克。施肥后一般进行“三刨二挠”，刨匀、挠细、搂平，要求床面平整、细碎、刮平，用石滚压实，压平，防止坑洼不平影响出苗。保持床高一致，挖好排水沟，防止内涝积水。播种前作好床土酸化处理。

（三）确定适宜的育苗期

一般来说，计划插秧时期减去秧龄便是适宜的育秧播种期，也便是育苗期。主要根据下列因素确定：

（1）根据水稻安全齐穗期来确定。由于各地温光条件不同，栽培水平有差异，因此，各地的安全齐穗期也不同，这是确定育秧播种期的基本要素。

（2）根据适宜插秧期来确定。在确定安全齐穗期的基础上，根据水稻的生长发育规律和安全齐穗期的临界期，确定水稻插秧高产时期，以最适的高产期为中心，确定适宜育苗期。

（3）根据适宜的秧龄期来确定。一般高产栽培适宜的秧龄期应占该品种的1/4左右。但随着育苗方式和栽培方法的不同，秧龄期的变化很大。如旱育苗中苗插秧为4～4.5片叶，秧龄期为35～40天；而大苗插秧为4.5～5.5叶，秧龄期为45天左右；盘育苗插秧的秧苗是3.1～3.5片叶，秧龄期为30～35天；而乳苗抛栽的适宜秧龄期则只有7天。

此外，还应根据当地的气候条件、水情、劳力、种植面积、移栽方法、移栽进度和品种的熟期搭配等种种情况综合考虑，灵活掌握。

（4）播种后喷施除草剂、盖地膜、插架、覆农肥，搞好防风绳。

水稻育苗前，应根据上述作业所需，作好日程安排和物资准备。

（四）配制壮秧营养土

培育壮秧是水稻高产的基础，而营养土是培育壮秧的基础。俗话说“土肥苗旺，秧好半年粮”，就说明了肥沃的土壤对水稻育苗的重要性。营养土是人们随着水稻生产的深入发展，按照水稻苗期的生长规律和营养特点配制的育苗专用土，能够保证秧苗生长期间从土壤中充分、持续地吸取所需营养，对培育壮秧有十分重要的作用。具体做法是在苗床施底肥的基础上，于苗床表面再铺一层营养土（或装入育秧盘），要完全能够满足培育壮苗的需要。现在该项技术正向营养土配方合理化、标准化和规范化方向发展。

一般情况下，旱育苗需事先备好营养土，但有很多农民朋友没有事先备好营养土，遇有春涝或多雨的时候，取土困难，降低了营养土标准，甚至导致成苗率低、草苗齐长等现象，所以，建议农民朋友利用农闲时间配制好水稻育苗营养土。简易营养土的配制方法如下：

较好且简单易行的方法是用土、肥、草层层堆集，采用高温发酵的办法，即按育苗所需的营养土数量，在一个相对平坦、地势高燥的场地，把一层土、一层细碎的稻乱和一层畜禽粪便（可加入适当的过磷酸钙）层层堆集，然后浇水，使土潮湿，最上层用土覆盖，然后盖上塑料薄膜，进行高温发酵。几天后堆内温度达到100℃时进行倒堆，再扣膜发酵，然后再倒细过筛即可。培育好的营养土或装袋贮存，或在原地堆集贮藏，但要防止雨水冲刷。用这种方法配制的营养土，因有高温发酵过程，所以没有土壤疾病、虫害、草害，安全卫生，肥力较高，土质疏松，通透性好，是较为理想的水稻育苗营养土。

（五）标准化营养土的配置方法

目前的营养土由三部分组成，即由肥沃的土与腐熟细碎的以畜禽粪便为主的厩肥，加上一定量的无机化肥均匀混合而成。

对土的要求是：园田土、菜田土、旱田土最好，水田的表土也可以。一般要求结构好、养分全、有机质含量高、无草籽、无病虫害、无盐碱的客土；而农家肥应是腐熟细碎的厩肥，不要炕土、小灰和人粪尿。土与肥的比例为7∶3，充分混合后即是营养土。有草碳资源的地方，以40%肥土、40%腐熟草碳再加20%腐熟的农家肥混合，搅拌均匀，也是很好的营养土。播种前每500千克肥料加入硫酸铵0.6千克、过磷酸钙1.2千克、硫酸钾0.6千克。如果没有过磷酸钙，可加三料磷肥或磷酸二铵，加磷酸二铵时可不加硫酸铵。

（六）营养土酸化处理的优点及其必要性

营养土（包括苗床土）的酸化处理具有防病、壮苗的作用。水稻秧苗生长最适pH值是4.5~5.0。一般土壤配制的营养土在使用前都应进行酸化处理，使其pH值达到4.5~5.0，以满足秧苗生长的需要，控制土壤中病原菌的生长发育。土壤酸化处理一般使用98%浓硫酸，每500千克需3.5~4千克。配制时先将硫酸倒入少量水中进行稀释，再逐渐加大水量，成为硫酸的6倍液，使其量达20千克。然后把稀释的硫酸溶液均匀地喷在摊开的营养土或苗床上。酸化营养土时边拌边搅，使其充分混匀。用pH值试纸测试，达到指标后，堆闷3天，3天后仍保持4.5~5.0的pH值即可使用。pH值小于4.5时有酸害，大于5时应再加酸调整，直到合格为止。

用硝基腐植酸7.5~8.7千克，也可以达到让500千克营养土酸化为pH值为4.5~5.0的目的。此外，用乙酸也可以对营养土进行酸化，但成本较高，挥发性大且持续时间短。

（七）施用水稻床土调制剂的重要性

水稻床土调制剂是随着旱育苗，特别是软盘育苗、钵盘育苗的发展研制的一项科研新成果。它是一种固体粉状的酸性复合肥料，含有硫酸、腐植酸、氮、磷、钾和微量元素等多种营养成分。

应用床土调制剂的好处有以下几方面：

（1）营养成分全，能满足秧苗3叶1心前生长的需要。

（2）使用中性和微碱性的床土时，应用床土调制剂后可使pH值降至5左右，降低酸碱度的效果能维持20天左右。

（3）对水稻立枯病菌有一定抑制作用。

（4）使用方便，省工省力，安全。

苗床和营养土施用床土调制剂后，可不必调酸。因为床土调制剂本身就有调酸作用。

各地生产的床土调制剂的成分大体相同，硫酸的载体有用粉煤灰的，有用粉碎的褐煤的，也有加草碳和糠醛渣的，还有加生根粉的。但其基本作用都相同。

施用床土调制剂应注意：床土调制剂的用量是根据不同床土的 pH 值和营养成分而定的。床土 pH 值为 6.0～7.0 的，每平方米拌入 0.5～0.75 千克；pH 值为 7.5 时，每平方米用 1 千克。使用床土调制剂要充分混拌均匀，铺平，浇透水，但水不能流出床面，更不准漫水过床，以防硫酸和养分流失而失去作用。施用量要准、要匀。施用床土调制剂后 2 小时就可以进行播种。

四、秧苗管理技术

（一）水稻壮秧剂

水稻壮秧剂的全称为水稻壮秧营养剂。它是在水稻育苗土壤调制剂的基础上研究出的一项科研新成果，也是一种固体粉状酸性复合肥料。但它除含有硫酸、腐植酸和全价肥料之外，还含有杀菌剂、矮壮素和生根剂。其成品多为 2.5 千克一个包装。除肥料和填充物外，酸化及杀菌剂的含量占

0.25千克。每袋供18平方米的苗床使用。与营养土混匀后，可以装软盘90个，或装钵盘150个，用量少，效果好，肥劲长。值得注意的是，使用时要与床土或营养土混拌均匀，用量要准确。壮秧剂的养分含量能满足18平方米苗床每平方米播量为0.25～0.35千克的秧苗需要，超过这个播种量，秧苗在4叶期左右应增补氮肥。

（二）水稻秧田的合理施肥

水稻在发芽出苗阶段靠种子内部贮存的物质生长。当秧苗生长临近2叶期前后，胚乳的养分已消耗70%～80%。谷粒中的蛋白质在萌发后第8天即近于全部水解，在1叶1心期基本耗尽。至3叶期前后，为秧苗生理上从异养到自养过渡的转折阶段，对外界不良条件抗性很弱。此时，应适量追施氮肥，提高叶绿素的含量，促进光合作用，有利于培育壮秧。但是，在早春气温不够稳定的情况下，施氮过量也会使秧苗生长得过于柔嫩，在遭遇低温和高温时容易诱发立枯病和青枯病。

湿润育苗多带水追肥，追肥后需有一段保水时间，而且在膜内高湿及水肥作用下，如温度控制不好，极易诱发徒长。因此，具体的追肥时间应适当推迟，一般在膜内追肥多为一次，用量稍大些时，每平方米追施硫酸铵多在50克以上。而旱育苗为避免伤苗，提倡分次追施，一般在1叶1心期结合防治立枯病，每平方米浇施1%硫酸铵水溶液纯量30～40克，2叶1心前后再浇施40～50克。每次追肥后都应用清水冲洗一遍，以防止产生肥害同时能补充水分。此后，根据揭膜迟早和苗情的长势，还要做好接力肥的施用工作。

（三）尿素不宜作秧田的基肥

尿素吸湿性很强，如与种子接触，会与种子争夺水分造成种芽生理失水。尿素中含有缩二脲成分，缩二脲在分解过程中能产生一种物质，对种子的蛋白质代谢有毒害作用。这些均能影响种子的萌发或出芽，对根也有伤害。所以，水稻育苗不可用尿素作基肥。

（四）把握壮苗的关键时期

我国北方稻区属寒地稻区，生育期间短，活动积温少，前期升温慢，中期高温时间短，后期降温快，低温冷害多。因此，插秧后返青快，适时进入分蘖的健壮秧苗尤为重要。为培育壮苗，必须以旱育为基础，以同伸理论为指导，按秧苗类型，以调温控水为手段，育成地上地下均衡发展的标准壮苗。培育中壮苗要抓好“四个”关键时期。

第一个关键时期：管理重点是促进种子的根长粗、伸长、须根多、根毛多并吸收更多养分，为壮苗打好基础。此期一般不浇水，过湿处散墒，过干处喷补，顶盖处敲落，露籽覆土补水。温度以保温为主，如遇33℃以上，需开口降温，保持在32℃以下，最适温度25～28℃，最低温度不低于10℃。20%～30%的苗1叶露尖及时撤出地膜。

第二个关键时期：管理重点是地上部控制第1叶鞘高不超过3厘米，地下促发鞘叶节5条根系生长。此期温度最高不超过28℃，适宜温度为22～25℃，最低不低于10℃。水分管理应做到：床土过干处，适量喷浇补水，一般保持干旱状态。

第三个关键时期：管理重点是地上部控制1～2叶叶耳间距和2～3叶叶耳间距各1厘米左右；地下部促发不完全叶节根8条健壮生长。因此，要进一步做好调温、控水、灭草、防病及以肥调匀秧苗长势等管理工作。2～3叶期的最高温度不超过25℃；二叶期适宜温度为22～24℃；三叶期为20～22℃，最低温度均不低于10℃。特别是在2.5叶期，温度不应超过25℃，以免出现早穗现象。水分管理要三看浇水，一看早、晚叶尖有无水珠；二看午间高温时新展开的叶片是否卷曲；三看床土表面是否发白和根系生长状况如何，如早晚不吐水、午间新展开叶片卷曲、床土表面发白时，宜早晨浇水并一次浇足。1.5 叶和 2.5 叶期各浇一次酸水（pH 值 4 ~ 4.5），1.5 叶前施药灭草，2.5 叶期酌情追肥。

第四个关键时期：适龄秧苗在移栽前 3 ~ 4 天开始，在不使秧苗萎蔫的前提下，不浇水，蹲苗壮根，以利移栽后返青快、分蘖早。在移栽前一天，做好秧苗“三带”工作，即一带肥（每平方米施磷酸二铵 125 ~ 150 克）；二带药，用 70% 艾美乐，每 100 平方米用 4 ~ 6 克对水 6 ~ 7 千克喷雾处理，预防潜叶蝇；三带增产菌等，壮苗促蘖。

（五）育苗先育根

俗话说“嘴壮人才胖”“根深叶才茂”。人的营养好才能长胖，同样，作物的根吸收力强才能长得壮。水稻的根起着重要的吸收养分和水分的作用，吸收作用强则光合作用也强。光合产物积累多，才能正常地生长发育，才能培育出健壮的秧苗，插后发根力强则返青快、分蘖早、增产潜力大。而水稻从种子发芽到成苗，其营养方式在 3 叶期以前是异养阶段，初生根只有吸水作用，吸收养分能力差；待到 2 叶 1 心时，吸收水分养分很强的次生根逐渐形成；3 叶期左右是从异养到自养的转换阶段，对外界不良环境抵抗能力很弱。在生理转换前培育根是很重要的，否则，一是幼苗头重脚轻，易失水诱发立枯病，二是次生根少，生理转换阶段后根吸收力减弱，不利于培育壮苗。所以，水稻育苗开始就要为水稻根的生长创造良好条件。旱育苗方式和使用营养土育苗，首先满足了育苗先育根的需要和水、肥、气、热条件，有利于培育壮秧。

培育壮秧主要决定于土壤营养条件和空间营养条件。虽然稀播种不是培育壮秧的唯一措施，但个体秧苗所占面积大，根群发育好，吸收养分充足，所占空间大，则受光条件好，光合作用就旺盛。所以说，不论何种育苗方式，稀播种都是培育壮秧的关键。

（六）育秧时的注意事项

（1）旱育苗强调喷水和浇水。秧苗生长需要水、肥、气、热等诸多因素相互协调。在诸多环境因素中，水起主导作用，可以水调温、以水调气、以水调肥。只有水、肥、气、热协调得好，秧苗才能顺利生长。所以秧田管理的中心是管好水。扎根现青期，根据有氧长根、无氧长芽的规律，应创造秧田土壤具有较好的通气条件，使秧苗迅速扎根立苗。所以芽期秧田应坚持在底水浇足浇透的情况下，一般不补水。确实干旱、苗床发白时可浇水，浇透即可，保持苗床的通透性。在出苗到3叶期根系的生长需要供给更多的氧气，此时已处于秧苗异养向自养过渡阶段，极不耐低温缺氧等不良环境影响。这一时期秧苗扎根未稳，自养能力不强，土壤中的致病菌也会乘虚而入，所以这一时期仍以促进秧苗根系为主，保持床面湿润通气。3叶期以后，秧苗可以完全自养，根系比较发达，通气组织已发育完善，要酌情适当补水，以增加土壤中的空气，培育发达的根系。不得已时，如冲洗盐碱、低温护苗，灌水后也应当及时落水。一般情况下，不论什么时期都应以喷水或浇水的方法补水，苗期不要大水漫灌。

（2）根与芽的生长管理。种子萌发时，根与芽的生长是两种不同的生长方式。芽的生长主要是胚芽鞘细胞伸长，它没有新细胞的形成，只要有充足的水分，有氧无氧都可以进行，而且在无氧条件下比在有氧条件下伸长更快，持续时间较长。而胚根的生长，虽然也有细胞的伸长，但主要靠细胞的分裂方式进行。细胞分裂需要大量的蛋白质等有机物质供应，这些物质转化和参与合成新器官，又需要提供一定的能量。没有充足的氧气供应，呼吸作用受到限制，细胞分裂不能进行，根也就无法生长，所以“有氧长根，无氧长芽，干长根，湿长芽”的说法是有道理的。

在生产上，秧苗前期管理要处理好秧苗扎根与立针的关系。在秧田管理中，芽期必须坚持湿润，不大水漫灌和不淹水。

五、秧田病虫害防治

（一）秧田杂草防除法

水稻苗田防治杂草的方法有播后芽前土壤封闭处理，可杀死用种子萌发的一年生杂草；出苗后至3叶期用敌稗乳油灭草；在插秧前人工拔除杂草。

播后苗前土壤封闭，一般多用丁草胺乳油，每平方米用丁草胺0.31毫升，对水喷雾，均匀地喷在育苗覆盖土上，不得重复，喷后立即覆盖农膜，保持床土湿润，也可用封闭安毒土撒施。

水稻出苗后若稗草等发生较多，可用20%的敌稗乳油防治。为提高防治效果，要在稗草2～3叶以前防治，每标准苗床22.5平方米用药50毫升，对水75千克，均匀喷雾作茎叶处理。杀草不彻底则3天后，用第一次药量相同的敌稗乳油，进行第二次喷药灭草。喷药后立即覆膜，不能浇水。

在药剂除草的前提下，苗田可能在后期孳生其他杂草或大稗，可用人工拔除。

（二）秧田常见病虫害的类型及其防治方法

（1）苗床白芽病的防治。苗床出现白芽病是因为水稻播种后种芽在适宜温度下吸收充足水分和氧气，才能在有氧呼吸条件下，促进酶旺盛活动，加快细胞分裂形成新的组织和器官。在淹水的情况下，由于供氧不足，芽鞘伸长加快，叶绿素来不及成形，成为白芽，而幼根发育受阻，则形成有芽无根的畸形芽。发生这种情况时，应揭开覆盖的农膜晾床，降低床内温度，使阳光直接照射床面，既可加速床面水的蒸发，又可使白芽绿化，促进根的发育。

至于因为覆盖土过厚引发的白芽，只要不是湿度过大，不需任何处理就可以正常转绿。

（2）低温冷害是北方稻区经常遇到的突出问题。水育秧、水直播田多发生绵腐病和坏种烂秧现象；湿润育苗和旱育苗多发生立枯病、青枯病，往往大量死苗。尤其是徒长苗，根系发育不好，受害更重，常常造成弱苗。

对苗期低温危害，首先应从预防入手，适期播种，地温稳定通过5℃方可旱育苗（保温）播种。苗田底肥多施磷肥，提高秧苗的耐寒能力。播种后，尽量排除田间积水，降低苗田和床内湿度，提高床内温度。

如果秧苗受到低温危害，应及时采取补救措施，排水降湿增温，还可往苗床上撒草木灰。水育苗和直播田要加深水层护秧。对于低温引起的病害，进行对症治疗。

（3）常见的秧田药害往往是由于用错药或药量过大、浓度过高、施药不匀而引起的，要采用合适的方法进行补救。应该在用药前认真地清洗喷药器具，认定使用农药种类，严格技术操作规程。用药后，认真检查用药是否正确，发现问题要早处理，及时灌水冲洗，降低田间农药浓度，加强肥水管理，或喷施微肥，细胞分裂素和赤霉素等补救。

（4）潜叶蝇在田间杂草上越冬，5 月中下旬为越冬代活动盛期，6 月上中旬出现第一代成虫产的卵孵化出幼虫为害水稻。因气候的影响，有时为害期提早。其对水稻的为害时期，正处在水稻秧苗末期本田初期，如防治不及时，就会造成危害：轻则延迟缓苗时间，造成缺苗断条；重则成片枯死，造成减产。因此，最好是在插秧前，在苗田上施药剂防治。使用的药剂应为具有内吸作用的杀虫剂，如吡虫啉等系列农药。苗田防治潜叶蝇，可以防止秧苗把虫卵和幼虫带入本田，减少本田的防治面积。而且在插秧期间劳力紧张，在苗田上施药，秧苗集中，防治面积小，防治起来省工、省药、及时。

（5）秧田青苔是播种时的常见现象，需要进行防治。秧田的青苔是播种时床面湿度过大坏种，种子腐烂后引起的；施入未腐熟的农家肥或者肥力过高，在长期蓄水尤其是水质不洁的情况下，秧田表面也容易长青苔。苗田灌水后青苔容易上浮，常常粘住秧苗叶鞘，或浮在水面遮光降低土温和水温，撤水后往往把苗压倒。因此，必须设法预防和清除。防除方法有以下几种：

①播种注意事项：播种时保证床面干爽，宁干勿湿，防止芽涝。

②施肥注意事项：施腐熟的农家肥要均匀，防止局部过量。

③管理注意事项：如发现床面长青苔，发生轻微的可经常换水或干湿交替灌水。发生较重的可用15千克草木灰，对40~50倍水，淋去灰渣，用草木灰水泼浇床面。青苔多时，可用0.1%生石灰水溶液或硫酸铜水溶液喷洒床面；也可以把田间水排净，用100克硫酸铜粉放在纱布袋里，放在进水口，使之随水逐渐溶解并流到地里，上到床面，12小时后换新水。

第三章
水稻田间管理技术

第一节 稻田整地技术

一、水田整地分类

水田整地从整地时间上分，有秋整地和春整地；从方法上分有旱整地和水整地。

秋整地主要是秋季旱翻、旱耙，在干旱年份、缺水地区或井灌地区采用较多。秋整地有利于土壤熟化，并能节省泡田用水。在丰水和盐碱地及地下水位较高的地区和田块，多采用秋旱翻春旱耙。这样有利于晒垡熟化土壤，灭虫灭草。多数地区的春整地采用旱翻、旱耙、旱平地等方式，包括旋耕整地。

旱整地包括旋耕、翻地、旱耢平和激光平地等作业。其作业标准是耕整地要到头、到边、不留三角，同一块地内高低差不超过10厘米，地表保证有10～12厘米的松土层。其中：

（1）旋耕是在水稻收获后至上冻前，使用大中型水田拖拉机配套旋耕机、搅浆整地机、水田犁等进行，翻地的也可用履带拖拉机。

（2）旱耢平是在第二年的春季4月份，当土壤化冻10厘米左右时，用拖拉机配套不同的平地机具进行旱整平。一般旋耕地粗耢一遍，翻地耢两遍即可。这样具有降低后期整地成本和节省泡田用水等优点。

（3）水整地一般是春季放水泡田3～5天后，用水田拖拉机配带不同的整地机械水整地。其作业标准是：土地平整，土壤细碎，同池内高低差不大于正负3厘米，地表有5~7厘米厚的泥浆。

二、激光平地法

激光平地技术是一项高新技术在农业上的应用。用激光平地技术设备平整稻田，具有地平、省地、节水、增产等作用。激光平地技术设备由发射器、接收器、控制箱和液压阀、平地铲等组成，可在直径600米范围内平整土地，平后的土地高低差在1厘米范围内，达到寸水不露泥，可使水稻在各生长期获得最佳水层。使用该技术可减少池埂用地2%~3%，省水30%，增产10%。

三、水田整地的作业要求

水田整地的要求是上糊下松，泥烂适中，有水有气，沟清水畅、埂直如线，地平如镜。地面如镜是指同一田块高低差不超过3厘米，没有偏脸池；上糊下松是指水田表面泥水融合软活，下部土团较大，暄松，通气性好，这样有利于插秧、插后返青和根系的发育。沟清水畅，埂直如线是指引水渠系修整清障，排水沟加深加固。保证灌排通畅，保持条田和池埂笔直，夯实加固，防止跑漏。

四、“三早整地”的原则

“三早整地”是指早平地、早耙地、早作埂。如果是撤高垫洼，应在秋季进行，实行“秋抽条、冬搬家、春找平”。早整平要平好开闭垄，把拖拉机漏耕和撂边角翻起，同一块稻池的四周边角应找平。耙地时不漏耙，少扔边角，要耙透，深层不留垡块；黏重地块要轻、重耙相结合，耙平耙细。旱作埂要做直，适当加粗夯实，防止泡田时泡颓冲垮。作埂时仍在原埝埂的地方起埂，防止错位后池面不平，增加水平地用工。

五、旋耕与翻耕相结合的作业方式

旋耕虽有很多好处，但也有不足之处，如耕层浅，不利于土壤熟化和培肥地力，而且水稻根系发育浅，不利于吸收利用深层土壤中的养分；杂草根茎和种子集中在土壤表层，萌发集中，如不及时处理，有草荒的危险；根茬易留在土壤表层或表面，影响插秧作业，不利于水稻后期的生长发育。连续旋耕多年，则水稻难于高产，有的甚至会减产。

为发挥旋耕的优点，避免旋耕的缺点，应将旋耕与犁耕相结合。一般的经验是连续旋耕 2 ~3 年后，犁耕深翻一次较为适宜。旋耕的方法为：旋耕因适耕期长，可秋旋、春旋、旱旋、水旋，可因时因地制宜，灵活应用。

六、机械水耙地的适宜作业范围

适合机械水耙地的水田是盐碱地或漏水漏肥的沙性稻田。盐地以氯化物为主，泡田洗盐的时间长一点为好；而内陆碱地以碳酸盐为主，泡田洗碱以水温高一点为好。但盐碱溶于水的速度与搅拌强度及次数都有明显的正相关。为了洗盐洗碱比较彻底，提倡在盐碱地结合泡田实行机械水耙地。一般用履带式拖拉机，动力大，行走时搅水力量大，田面水浪大，冲开僵硬的垡块和冲洗的作用强。但是连年机械水耙会使土壤板结，破坏土壤结构；同时泡田用水较多，不宜多年连续使用。冲洗盐碱后应立即排旧水换新水。

漏肥漏水稻田土壤胶粒较少，沙粒成分较多。利用机械水耕地，水的冲击力使土壤中的胶体颗粒浮在水中，水中的胶粒沉淀后填塞于沙粒之间或在土表形成一层细腻软活的表层，可有效防止漏肥漏水。水耙后不要急于放水，应待水清、透明度好的时候，排除多余的水，然后再插秧。

机械水耙地要求大面积作业，破坏埝埂，水耙后应立即组织人进行人工筑埂。水耙时水的冲击力较大，要检查灌排水渠的坝埂，应随时检查、修补。

七、盐碱地泡田措施及其目的

盐碱地矿化度高，土壤含盐量较多，冬季冻土积盐，春季随着蒸发量的增加盐碱含量上升。因此，必须泡田洗盐碱。具体做法是：

（1）在渠系布置上单灌单排，不泡老汤，不串灌，各地块独立灌排。

（2）春季泡田要早，每次泡田 2~3 天，水层要没过垡块，搅水洗盐碱，然后迅速排水，不留尾水，排后再换新水，反复 2~3 次。最后一次提倡用大马力拖拉机水耙地。

（3）洗盐碱后复水要充足，防止落干，以防盐碱复升。一般应施用生理酸性肥料后带水插秧，深水缓苗，压盐压碱。要定期换水，不靠老汤。

八、水田“三边一条龙”策略的优点

所谓“三边一条龙”作业，是指水田旱平旱耙整地之后，边泡田、边平地、边插秧，连续作业。其好处是：

（1）缩短泡田时间，确保水平地后上实下虚、上糊下松的要求。

（2）节省泡田用水。因为泡田时间短，用水量少，泡田期间的跑冒滴漏机会减少，能节约灌溉用水量。

（3）土壤的水、气协调，水稻返青快，根系发育好，发根快，分蘖早。

九、秧苗移栽前的封闭灭草

随着种稻年份的增加，稻田杂草基数不断加大，优势群落也在不断地更替，成为水稻高产的障碍。它不仅直接影响水稻，而且又是多种病虫的寄主，对水稻危害很大。5 月份正值北方稻区插秧季节，也正是早春和晚春湿生水田杂草孳生时期，如不搞插秧前药剂封闭除草，插秧后杂草会很快发生，而且发生的种类和数量较多，草苗齐长，影响水稻分蘖。如果在水稻缓苗以后施药灭草，使用得早，灭草效果就好；若施药不及时则灭草不彻底，同时也易产生药害。所以，要强调做好插前药剂封闭的工作。具体方法是：

（1）根据杂草的种类选择对路的灭草药剂。

（2）土地面积、用药数量都要准确，严格按产品说明和技术规程操作。

（3）封闭灭草至少要在插秧前 3 ~ 4 天进行，易产生药害的药剂应提前 5 ~ 7 天封闭灭草，以保证安全。

（4）施药方法有泼浇法，即把药剂对成水溶液，全田均匀泼浇。如果是泡腾剂型药，应扬撒到位；如果是乳油剂型，可在水田拉板前对少量水或直接用原液滴在田间，然后拖板，效果也很好。也可用毒土撒施法，即将药剂喷在 15 ~ 20 千克细土上，闷 3 ~ 4 小时，均匀扬撒在田面上，保持水层 4 ~ 5 厘米。最近有些农民在水田旋耕后泡田前，把 60% 丁草胺按每亩 100 ~ 150 克喷在地表，然后泡田整地，方法简单，效果也很好，且无药害产生。

目前，插秧前封闭药剂有很多，根据杂草的种类和优势群落的变化，有些药剂可以混用，有些只能单用，要因地制宜。插秧前封闭灭稗效果较好且较安全的药剂有农思它、丁草胺、禾大壮等。

第二节 水稻栽培技术

一、水稻的栽培方法

（一）水稻轻型栽培

水稻轻型栽培是指运用现代科学技术，简化种植作业程序，改变或优化传统栽培技术措施，较大程度地减轻劳动强度，减少投入，提高产量和改善品质，最大限度地增加效益并降低成本的一系列稻作栽培新技术。其目的是使水稻高产、优质、低耗和高效，同时又要实现农业的可持续发展。

水稻轻型栽培技术是相对于原有栽培技术而言的，主要是改革播种、移栽、中耕等花费劳动力较多的作业项目，以适应农村经济改革后种植业劳动力日益减少的

需要。

水稻轻型栽培的主要技术有旱育稀植技术、钵盘旱育苗抛秧栽培技术、直播技术、叶龄模式栽培技术和现代病虫草害综合防治技术等。

随着农业科学研究的进一步深入、新技术的发明应用、生产条件的变化更新以及市场经济的要求，栽培技术不断地被赋予新的内容，并由此将农业生产提高到一个新的水平。轻型栽培技术越来越受到人们的重视。未来的水稻轻型栽培技术将是更为集约条件下的水稻高产栽培技术体系，并且将融入计算机生产管理决策系统和专家咨询系统，成为具有广泛适应性和应用价值的栽培技术体系。

（二）水稻强化栽培

水稻强化栽培的基本观点是：为使稻株产量更高，每株必须有更多的分蘖、更多的有效穗，每穗有更多的粒数、更大的籽粒。为了使地上部分生长良好，地下部分必须要有强大的根系。水稻强化栽培体系根据水稻的生长特性，通过强化技术措施，强化稻株个体生长环境，达到“强根促蘖”、充分挖掘个体生产潜力、大幅度提高产量的目的。主要技术特征有幼苗早栽、单本稀植、无水层灌溉、中耕除草和使用有机肥等。

（三）水稻三化栽培

为了不断充实、完善和提高旱育稀植栽培技术，水稻研究人员在总结高产经验的基础上，吸取近年国内外的先进技术成果，组装形成寒地水稻旱育稀植三化栽培技术体系。所谓的“三化”是指旱育秧田的规范化、旱育壮苗模式化和本田管理叶龄指标计划化。旱育秧田规范化是保证育壮苗的基础，严格区分湿润育苗与旱育苗秧田地的不同，以湿代旱是倒退的做法。旱育壮苗模式化是以旱育为基础，以同伸理论为指导，按秧苗类型模数，以调温控水为手段，育成地上地下均衡发展的标准壮苗，解决秧田生长无标准、秧苗不壮的问题。本田管理叶龄指标计划化是根据不同品种在基本相同的条件下栽培，其主茎叶龄数基本稳定不变的原理，以叶龄为指标掌握水稻的生育进程，根据长势长相进行田间的水肥管理，使水稻生育按高产的轨道和各期指标达到安全抽穗、安全成熟、稳产高产的目的。

旱育秧田规范化主要有两项内容：一是做好选地、规划及秧田基本建设工作。选地应选择地势平坦、高燥、背风向阳、排水良好、有水源条件、土壤偏酸、比较肥沃且无农药残毒的旱田，按水田面积的1/80～1/60的比例留设比较集中的旱育秧田地，做好苗床规划设计和秧田基本建设工作。二是坚持做好“两秋三常年”工作：两秋是秧田秋整地、秋作床，“三常年”是常年固定秧田、常年培肥地力、常年制造有机肥培肥床土。

旱育壮秧模式化包括秧苗类型的选择、作床与床土调制、种子处理、秧田播种、秧田管理等主要内容。本田管理叶龄指标计划包括插秧前的准备、移栽、分蘖期、生育转换期、长穗期、结实期和收脱贮藏7个部分的管理。

（四）水稻直播栽培

直播栽培是把种子和种芽直接播种在本田的栽培方法。直播栽培有水直播和旱直播。水直播与旱直播都有条播和穴播的方法。旱直播又可分为旱种水管和旱播旱管两种方式。

水稻直播应注意的事项可按两种播种方法来考虑。水直播播的是种芽，因此必须在播种前水整地，播种时

汪泥汪水，用笤帚把种子拍入泥中，条播和穴播都是如此。应经常变换水层通气引苗，要注意防治绵腐病、坏种烂苗，杜绝草荒、防好鸟害。而旱直播不论是一旱到底还是旱播水管，都要注意防治地下害虫和鼠害，坚决杜绝草荒。

（五）水稻条播栽培

就水稻旱直播而言，一般是在整平土地的基础上平地开沟条播或起垄开沟条播，有覆膜、裸地或前旱后水管理等几种方法，要求播种时5厘米地温要稳定通过10℃；播后芽前搞好土壤封闭灭草。无论是条播还是穴播，都要精播细种，覆盖厚度不能超过3厘米。品种选择应比当地晚熟或中晚熟品种的生育期早10～15天，应具有根系发达、耐低温、抗旱性强、前期生长量大、易繁茂、茎秆粗壮、抗病和抗倒等特性，并应具有在低温下出苗快、幼苗生长快等特点。

二、水稻的移栽方法

水稻移栽大体有两种：一种是机械插秧，一种是人工插秧。机械插秧因动力方式不同而分为两种：一是以人为动力的半机械化手动插秧机插秧；二是以机械为动力的动力插秧机插秧。机械插秧机效率高，手动插秧机比人工手插快2～3倍，动力插秧机比人工手插效率提高20倍以上。机插秧可以减轻劳动强度，保证农时。

随着轻简农业的发展，水稻移栽的方式除插秧外，又推广了抛秧和乳苗抛栽等移栽方法，比手插秧效率提高3倍以上。

从节水栽培看，有旱育苗、旱整地、开沟旱栽和栽后覆土灌水等步骤；同是秧盘旱育苗，有机械插秧、人工插秧、抛秧和手摆秧等移栽方式。各地区应根据实际条件和人力、物力、财力情况，因地制宜地应用成本低、效率高、不误农时的移栽方法。

（一）水稻钵盘抛栽

（1）钵盘抛栽在育苗上与软盘育苗一样，只是使用特制的钵盘，所需的营养土要比软盘少。种子处理与一般育苗的要求相同，但在选种前必须进行脱芒处理。

（2）钵盘育苗播种有三种方法，即与土混合播种、先装盘土后播种和沙性土采用泥播法。播后覆土不能把全盘埋没，只需把钵孔盖满就行，防止苗大串根，影响抛秧。

（3）秧田管理与普通软盘旱育苗相同，应格外注意补水。育好秧后进行人工抛栽或机械抛栽。

（4）钵盘育苗抛栽的主要技术环节。

①抛栽前的整地：抛秧移栽，秧苗较小，抛秧后秧根在地表层，水少地硬的田块，抛秧后秧根扎不到土中而裸露在地表面；水深则漂苗。所以对土地整平要求较严格，应做到上软下松，寸水不露泥，最适宜的办法是随拉板随抛秧，黏重土壤可在泥浆沉淀后立即抛栽。要使秧坨（根）入土和立苗，加快返青。平好地后用农思它药剂封闭灭草。

②抛栽前应确定好抛栽的盘数：抛秧要选择在晴天无风和风力较小时进行。田面要保持汪泥汪水，人工抛秧时可一手拿秧盘（把苗装在筐或其他容器内均可），一手抓苗，向天空抛撒，像天女散花一样，使秧坨呈自由落体样落入田面，靠自身重量扎入泥土中。抛秧时分两次抛完，第一次抛 70% 的苗，第二次抛 30% 的苗，用于补漏匀苗。

抛苗结束后，应每隔 3 ~ 5 米，结合匀苗拣出 30 厘米作业道宽，以确保追肥和防治病虫害等田间作业可以方便地进行。匀苗只能抛苗，不能往地里插苗，以防缓苗不一致而成为三类苗。

③抛秧前后水的管理：抛秧时应汪泥汪水，抛秧后1～2天不灌水，以利于扎根立苗，否则有漂苗的危险。初灌时以小水慢灌，防止水流过急漂苗。要浅灌，以免水深浪大使秧苗漂移。待秧苗扎根立稳之后再进行正常管理。其他的技术环节与常规水稻栽培相同。

④钵盘抛栽的密度：钵盘育苗在本田抛栽的密度是根据插秧密度而定的。按当地插秧形式，算出每平方米的穴数，定出抛栽所需穴数，然后调查苗床上钵盘的缺穴率，确定每亩需要抛秧的盘数。如每个钵盘571穴，正常情况下本田每平方米20穴，则每亩需抛25盘。若每平方米25穴，则抛秧31盘。如钵盘有缺穴，则按缺穴百分率增加抛秧数量。

⑤钵盘抛栽对整地的要求：主要是要平地如镜，高低差不大于3厘米，没有偏脸现象，地表要软活膨松带泥浆。在水层管理方面主要是使田面汪泥汪水，抛秧后1～2天不灌水，第一次灌水要小水慢灌，防止秧苗漂移。以后的管理与常规种稻相同。

（二）水稻钵盘育苗技术

钵盘育苗手摆秧从移栽效率上看比抛秧低，但是与抛栽相比，手摆秧有很多优点：

（1）手摆或站立一穴一穴往地表抛掷，移栽后秧苗全部直立于地面，根部扎在土壤表层，扎根牢，不漂苗，返青快。

（2）秧苗分布均匀合理，不会出现稀密不均的现象，无需补苗，也不会出现三类苗现象。

（3）无需像抛栽那样进行两次抛苗、检查作业道和补苗、匀苗等抛后管理工作。从整体用工量上看与抛栽相差无几，但比手插秧效率高，劳动强度低。

（4）返青快，分蘖节位低，低位分蘖多，容易获得高产。

(三)乳苗抛栽技术

将尚未离乳的稚苗以抛掷的方法移栽到本田的栽培方法叫乳苗抛栽。它的好处有以下几点:

(1)秧、本田比例大,可达 1 : 2000,可大大节省育苗占地和育苗所需的大量人力、财力、物力。

(2)移栽效率高,一人一天(8 小时)可抛栽 6670 多平方米本田,而且不用“面朝黄土背朝天”,省工、省力,劳动强度低。

(3)可以缓和劳动力不足的矛盾,在无霜期较长的地区可进行抛前复种,不误农时,保证稳产高产。

(4)种田效益高。据东港市示范推广调查,乳苗抛栽方法与普通栽培方法比较,在平产情况下每亩可节省生产费用 70 ~ 100 元人民币。

乳苗抛栽在水稻轻简栽培中属佼佼者,不但能减轻劳动强度,作业程序简单方便,而且效率高、成本低、收益高。乳苗抛栽是水稻稳产高产栽培技术上的一项新成果,具有很强的生命力。

乳苗抛栽要选择比当地晚熟品种生育期提早 15 天左右的品种,才能安全成熟,高产稳产。选择苗期生长快、株型紧凑、分蘖力强、秆矮、成穗率高、穗大粒重的品种,最易高产。

乳苗的秧龄期只有 7 天,而秧苗的适栽期只有 1 ~ 2 天。因此,在种植面积较大的地方,应该分期、分批育苗,有计划地进行安排。如果秧龄长,秧苗盘根较重,秧苗长大,头重脚轻,抛栽时作业困难,就会影响抛栽质量,秧苗易在田间分布不匀,出现倒苗现象,不利于缓苗回青。

乳苗抛栽适抛期短,秧龄弹性小,必须提早整地,早平地早泡田。要求田面平整,高低差少于 3 厘米。一般要求催芽时即应整地、水平、作畦。一般畦高 10 厘米,畦宽 2 ~ 3 米,步道沟宽 30 厘米,刮平拉板。平地后保持水层，然后用12%农思它除草剂封闭灭草，每亩用2100克。整地要在抛栽前3天结束。

乳苗抛栽在气温稳定通过12～13℃时就可进行。抛栽时畦面保证汪泥汪水的软糊状态。把乳苗装在容器里，一手提苗，一手抛苗，顺着畦面边走边撒。抛苗时步道沟水不能深，防止抛苗行走时趟水冲到畦面壅种。抛苗时先抛70%，剩余的再抛第二次，用于匀苗和补漏。经多年试验和多点调查，每亩用种量2.5～3.0千克、每平方米抛苗150棵左右较为适宜。

乳苗抛栽田间管理技术：

（1）施肥要坚持氮、磷、钾配合。在2叶左右及时追施离乳肥，以后视苗情追施接力肥。5叶时要追施分蘖肥，要特别重视穗肥，提高乳苗抛栽田的水稻成穗率和颖花数。

（2）在水的管理上，乳苗抛栽时汪泥汪水，3天后立苗，灌一次浅水，抛苗后15天内是保苗的关键，应多次浅湿于交替灌水，防止深水沤苗。中期适当晾田，防止倒伏。其他管理措施与一般稻作栽培管理基本相同。

三、水稻插秧时的注意事项

（一）适秧期早插秧

适时早插秧是指在插秧适期范围内早插秧。适时早插能促进早生快发，延长水稻营养生长期。尤其是生育期较长的品种，更能得到充分的生长发育，在壮秧稀植的情况下，也能取得足够的分蘖，充分利用较长的光照时间，干物质积累多，叶鞘生长充实，产生的分蘖大，茎秆粗壮，为幼穗分化创造良好条件。适期早插秧，出穗

期就能相应提前，使灌浆成熟期延长，以保证安全成熟，且穗大粒多、籽饱满、千粒重高、容易高产。适时早插应与适时早播稀播培育壮秧及合理稀植等措施结合起来，才能获得更高的产量。

（二）坚持“四插、四不插”

所谓“四插”是指浅插、稀插、直插、匀插。当然，各地还有很多要求，但主要是指这四条。其中最重要的是浅插，尤其北方早稻更应浅插。因为早春气温和土温低，泥面升温快、通气好，浅插后容易分蘖，有利于形成大穗，提高产量。插得过深，分蘖节处于通气不良、营养条件差、温度低的深土层，返青分蘖会延迟，使秧苗不该伸长的节间不得不拉长、分蘖节位提高而形成“两段根”。这种现象不仅消耗的养分多，分蘖节每提高一节，分蘖发生时间就会推迟5～7天。随着分蘖期的推迟，有效分蘖减少，穗小粒少，影响产量。

其次，要插稳、插均。稳即不漂苗，插直指叶子不披在水中，根系舒展，不出现钩头秧。插匀才能行株距均匀一致，每穴基本苗数均匀，也才能符合规定的密植要求。

“四不插”是不插脚窝秧、不插拳头秧、不插隔夜秧、不插窝脖秧。即插秧不能插在脚窝里，若形成下窖秧，一则易漂苗，二则妨碍发棵；如果把秧苗窝成弯曲形，则根不能向下舒展，原来的根失去了作用而重发新根，成活慢，分蘖迟，不利于早生；隔夜秧苗，呼吸消耗了体内贮藏的养料，插后恢复生机慢，返青分蘖迟；拳头秧则因为苗眼大而易漂苗。

（三）“肥田靠发、瘦田靠插”原则

这是栽培水稻获得高产的成功经验，是确定栽培密度的一项重要措施。实际上是如何充分发挥分蘖在水稻生产上的核心作用问题。

一般情况下，水稻栽培应主蘖并重。肥力差的田块则应该多发挥主穗的作用，也就是所说的适当增加基本苗数。肥田和瘦田是相对比较而言的。土壤的肥力除营养成分含量外，还包括土壤理化性质、土壤质地和地下水位等。如土质黏重、通气不良的低洼冷湿田和盐碱地，肥力较低，插后低温不发苗，分蘖晚而少。对这样的田块就要缩垄增穴，适当增加基本苗数来确保高产，这就是所谓的瘦田靠插。肥力较高、土壤条件较好的地块，适当稀植少插，充分发挥分蘖成穗的作用，这就是靠发。

其实，除土壤条件外，秧苗素质、施肥水平等，与插秧密度的关系也很大。施肥量的增加、施肥方法的改变也与水稻插秧密度有很大的相关性。所以说，“靠发还是靠插”是相对而言的。

随着育种工作的进展，水稻株形有紧凑型和繁茂型之分；有直立穗型与散穗型之别；植株有较高的，也有较矮的；还有穗数型和穗重型的不同，所以要根据品种的特征特性来考虑究竟是靠发还是靠插。

第三节 稻田肥水管理技术

一、稻田高产施肥原则

（一）稻田高产施肥原则

（1）重视化肥，配合有机肥。有机肥与无机肥配合施用对改良培肥土壤的效果十分显著，能提高土壤有机质贮量，改善土壤有机质组成，增加土壤中氮、磷、钾和微量元素的含量，加强土壤的保肥性和供肥性，改善土壤的物理性质和水分状况。

（2）氮、磷肥或氮、磷、钾配合施用。高产栽培条件下的水稻极易贪青、倒伏、发生稻瘟病，空秕率增加。因此，在施肥上要坚持氮、磷、钾的配合施用。

（3）适量施肥与配方施肥。高产栽培施肥量要适宜，配比合理，要根据不同地块肥力的不同确定施肥量，做到配方施肥，确保高产。

（二）水稻高产施肥注意事项

（1）施足基肥。有机肥料分解慢，利用率低，肥效期长，养分完全，所以作基肥施用较好。但由于稻区早春气温较低，土壤中的养分释放缓慢，为了促进高产田秧苗早生快发，可以将速效氮肥总量的

30%～50%作为基肥施用。磷肥和钾肥均作为基肥施用，也可以留一部分在拔节期施用。

（2）早施蘖肥。水稻返青后及早施用分蘖肥，可促进低位分蘖的发生，增穗作用明显。分蘖肥分两次施用，一次在返青后，用量占氮肥总量的25%左右，目的在于促蘖；另一次分蘖盛期作为调整肥，用量在10%左右，目的在于保证全田生长整齐，并起到保蘖成穗的作用。后一次的调整肥施用与否主要看群体长势来决定。

（3）巧施穗肥。穗肥不仅在数量方面对水稻的生长发育及产量形成影响较大，而且施用的时期也很关键。穗肥在叶龄指数91左右（倒二叶60%伸出）时施，可以促进剑叶生长。当高产群体较繁茂时，穗肥在叶龄指数96（减数分裂期前）时施，起到保花的作用。

（4）酌情施粒肥。水稻后期施用粒肥可以提高籽粒成熟度，增加千粒重，但要控制好粒肥的施用量和施肥方式。

（三）稻田增施有机肥的必要性

稻田连年种植，不但每年要从土壤中吸走大量的氮、磷、钾三要素和一定量的钙、镁、硫、铁等元素，而且还要吸收少量的氯、锌、锰、硼、铜、钼等微量元素。此外，水稻所吸收的硅元素，大约为氮的10倍，大量的多种营养元素被吸收，还有一部分被淋溶损失，仅靠无机肥料补充远远不能满足水稻的生产需要。必须将有机肥料和无机肥料配合施用。

施用有机肥料，不仅可直接为水稻提供各种丰富的养分，而且还能在土壤微生物对有机物质的分解过程中，使一部分有机质起腐殖化作用，合成土壤腐殖质，这对改善土壤的物理性质和结构、增加土壤胶体的数量与品质、提高土壤保肥供肥能力有很大的作用。此外，在有机质分解过程中还可使水田土壤部分的迟效性磷、钾活化，并产生各种促进水稻生长的生理活性物质，如 B 族维生素和生长素等。

（四）化肥的育苗功效

化肥又称无机肥或矿质肥，是指直接或间接提供植株营养元素、促进生长、增加产量、改善品质的化学物质。水稻在生产过程中需要一定量的大量元素，如氮、磷、钾、硅、硫、钙、镁等，还需要少量的微量营养元素，如铁、锰、锌、钼、铜等。水稻生长所需要的这些营养元素不可能全部由土壤提供。因此，只能施化肥来补充不足部分营养元素。例如根据测定，从移栽到最高分蘖期的氮吸收量有 31% 来自土壤氮，69% 来自肥料。如果移栽后不能及时追施返青肥和分蘖肥，就不能确保有效分蘖。所以说，化肥在水稻生产中起着十分重要的作用。主要作用有：合理补充土壤中缺乏的营养元素，积累养分，提高土壤肥力，大幅度提高产量；不同阶段施用化肥可以增强水稻对外界不良环境的抵抗能力并减少病虫害的发生；合理施用化肥可以提高稻米质量，提高稻米的商品价值。

（五）氮、磷、钾等微量元素的施用

氮对水稻的生理作用：在各种营养元素中，氮素对水稻的生长发育和产量的影响最大。水稻在不同生育时期，各器官的氮素含量是不同的，一般茎叶中的含量为 1% ~4%，穗中含量为 1% ~2%。蛋白质是生命的基础物质，氮是构成蛋白质的主要成分，占蛋白质含量的 16% ~18%。水稻体内的核酸、磷脂、叶绿素及植物激素，某些维生素如维生素 B_1、维生素 B_2 等重要物质也都含有氮。所以，氮素在维持和调节水稻生理功能上具有多方面的作用。

氮素供应适宜时，根部生长快，根数增多，但过量反而会抑制稻根生长。氮素能明显促进茎、叶生长和分蘖原基的发育，所以植株体内含氮量越高，叶面积增长越快，分蘖数越多。氮素还与颖花分化及退化有密切关系，一般适量施用氮素能提高光合作用，形成较多的同化产物，并能促进颖花的分化且使颖壳体积加大，从而可增大颖果的内容量，有利于提高谷重。

缺氮症状通常表现为叶色失绿、变黄，一般先从下部叶片开始。缺氮会阻碍叶绿素和蛋白质的合成，从而减弱光合作用，影响干物质生产。严重缺氮时细胞分化停止，表现为叶片短小、植株瘦弱、分蘖能力下降和根系机能减弱。氮素过多时，叶片拉长下披，叶色浓绿，茎徒长，无效分蘖增加，群体容易过度繁茂，致使透光不良，结实率下降，成熟期延迟，加重后期倒伏和病虫害的发生。

磷对水稻的生理作用：水稻茎叶中磷的含量一般为0.4%～1.0%；穗部含磷量较高，在0.5%～1.4%之间。磷是细胞质和细胞核的重要成分之一，而且直接参与糖、蛋白质和脂肪的代谢，一些高能磷酸又是能量储存的主要场所。磷素供应充足，水稻根系生长良好，分蘖增加，代谢作用旺盛，抗逆性增强，并有促进早熟和提高产量的作用。磷参与能量的代谢，存在于生理活性高的部位。因此，磷在细胞分裂和分生组织的发育上是不可缺少的，幼苗期和分蘖期更为重要。

水稻缺磷时植株往往呈暗绿色，叶片窄而直立，下部叶片枯死，分蘖减少，根系发育不良，生育停滞，常导致稻缩苗、红苗等现象发生，并会使生育期推迟，严重影响产量。

钾对水稻的生理作用：水稻不同生育时期茎、叶中钾的含量为1.5%～3.5%；穗部含量较低，一般在0.5%以下。钾在植物体内几乎完全以离子状态存在，部分在原生质中处于吸附状态。钾与氮、磷不同，它不是原生质、脂肪、纤维素等的组成成分，但它在一些重要的生理代谢上如碳水化合物的分解和转移等，都具有触媒作用，能促进这些过程的顺利进行。钾还有助于氮素代谢和蛋白质的合成，所以施氮越多，对钾的需要量也就相应增加。钾对植物体内多种重要的酶有活化剂的作用。适量的钾能提高光合作用，增加稻体碳水化合物的含量，并能使细胞壁变厚，从而增强植株抗病、抗倒伏的能力。

水稻缺钾时根系发育停滞，容易产生根腐病，叶色变浓绿的程度与施氮过多时相似，但叶片较短。严重缺钾时，首先在叶片尖端产生黄褐色斑点，逐渐扩展至全叶，茎部变软，株高伸长受到抑制。钾在植物体内移动性大，能从老叶向新叶转移，缺钾症先从下部叶片出现。钾不足时淀粉、纤维素、碳水化合物减少，水稻处于繁茂遮阴或光照不足的条件下，增施钾肥后生育大多可以得到改善。

（六）硅肥对水稻生长的特殊作用

水稻是吸硅量最多的作物之一，茎叶中的含硅量可达10%～20%。每生产100千克稻谷，稻株要吸收硅酸17～18千克。根部所吸收的硅随蒸腾作用上移，水分从叶面蒸发，大部分硅酸积累于表皮细胞的角质内，形成角质硅酸层。因硅酸不易透水，所以有降低蒸腾强度的作用。充分吸收硅的水稻叶片伸出角度小，叶为直立状态，受光角度好，可增强光合作用能力。硅酸的存在还能增强根部的氧化力，能使可溶性二价铁或锰在根表面氧化沉积，不至于因过量吸收而中毒。同时，硅能促进根系生长，改善根的呼吸作用，促进水稻对其他养分的吸收。施用硅肥，水稻同化作用旺盛，干物质积累量大，从而稀释植物体内氮的浓度，表现为增强耐氮性。施硅酸肥料还可促使磷向穗部转移。

缺硅的水稻体内可溶性氮和糖类增加，容易诱致菌类寄生而减弱抗病能力。已有研究认为，茎叶中的硅酸化合物能对病原菌呈现某种毒性而减少危害。水稻生殖生长期如不能满足硅酸的供应，则易降低每穗的粒数和结实率，严重时变成白穗。

二、水稻高产施肥方法

（一）前促、中控、后补的施肥方法

前促、中控、后补法：这种施肥法重施基肥并重施分蘖肥，酌施穗肥，基肥占总施肥量的50%以上，达到“前期轰得起，中期稳得住，后期健而壮”的要求。这种施肥方法主攻穗数，适当争取粒数和粒重。

前促即基肥中施用速效性氮肥占施肥总量的40%～50%，磷肥的全部，钾施用量占总量的50%，分蘖肥氮肥占总量的30%。

中控即施穗肥氮肥占总量的20%，钾肥占总量的50%。

后补即可根据田间长势适当补施粒肥，但施用的氮肥量不能超过10%。

（1）前、后分期施肥法是以水稻对于氮素的营养需要特点为依据提出的。所谓前期施肥是指营养生长阶段的施肥，主要是底肥和分蘖肥，后期施肥是生殖生长阶段的施肥，主要是穗肥。这是一种省肥、稳产、高产的施肥方法。

①前期施肥：有机肥料全部作基肥施用，一般磷肥的作铺肥，钾肥一般50%作基肥，氮肥的30%～40%可采用铺肥、全层施肥、深层施肥的方式。分蘖肥一般占总氮量的20%～30%，调整肥为5%左右。分蘖肥可在移栽后10天内进行，调整肥主要是防止分蘖肥施用不均和补救部

分生长较差的地块。

②后期施肥：适时施用穗肥。穗肥的施用要根据水稻生长发育的情况决定时间。北方稻区一般幼穗分化与基部节间伸长同时进行，此时施肥，有增加枝梗和颖花分化的作用，但也可能会助长节间伸长过度而引起倒伏现象，施肥时要注意。正常穗肥的施用时期以减数分裂期施用为宜。要巧施破口肥和齐穗肥，齐穗肥和破口肥要以水稻的长势和长相来确定，一般高温年的效果大于低温年。

（2）配方施肥法科学地确定有机肥与无机肥料配合和氮、磷、钾配合的最佳用量及比例，最大限度地发挥肥料的增产作用。根据不同的品种、地块确定不同的施肥量，在北方，近几年这种施肥法应用较多。

（二）深层施肥的好处

前面已经谈到，施用于水田土壤的氮素化肥，能被水稻吸收利用的有30%～50%，利用率不高的原因主要是硝化作用和反硝化作用引起的脱氮损失。深层施肥是将铵态氮肥深施于水田土壤还原层，受硝化作用影响小，以铵离子形态被土壤胶粒所吸附，从而减少渗漏。同时由于缺乏反硝化作用基质，还可以减少脱氮造成的气体损失。因而，深施比表施可以大大提高氮肥的利用率。

（三）稻田施肥的分期及主要类型

（1）大头肥是一种以重施分蘖肥为主的施肥体系，将总施氮量的大部分用作分蘖肥，后期一般不再施肥。在寒冷稻作区施用大头肥对保证水稻获得一定产量曾起到良好的作用。但当氮肥用量明显增多后，如仍沿用这种施肥方法则极易诱发倒伏和病害。特别在低温年份前期氮肥施用量过大，多导致生育期延迟，从而加重冷害的发生。因此，目前在水稻栽培水平高的稻区和施肥量较高的稻区一般不提倡施大头肥。

（2）北方稻区水稻的生育期较短，为充分利用热量资源，促进分蘖的早生快发，强调施用足够数量的氮肥、磷肥作基肥，并在此基础上适当施用分蘖肥。减少分蘖肥的比例是北方稻区高产栽培发展的趋势。氮肥施用量增多后，如仍沿用以往重施分蘖肥的方法，则极易引起无效分蘖率提高、植株生育过分繁茂、叶片披垂重叠遮阴等后果，而且叶片含氮量过高，还会阻碍以氮代谢为主向以碳代谢为主的转移，有可能延长营养生长而推迟出穗期，这些都不利于增产。因此，分蘖肥的数量一般可占总施氮量的25%～35%。在严重缺磷的土壤上或容易发生稻缩苗的田块，追施质量高的磷肥（如磷酸二铵或三料磷肥）有显著效果。在缺钾的水田，分蘖期每亩施用氯化钾或硫酸钾5～75千克，也有较好的作用。关于蘖肥的施用日期，一般早栽的可在移栽后5～10天内进行，随着移栽时期的推迟，蘖肥施用日期应相应缩短。对蘖肥的施用不均或补苗部分生长较差的三类苗地块，还可重点施用调整肥。调整肥不宜过大，每亩平均量不宜超过5千克。

（3）穗肥既能促进颖花数量的增多，又能防止颖花退化。在基肥和蘖肥比较充足的前提下穗肥不宜在穗分化始期施用，因为此时施肥虽然能增加枝梗和颖花数，但亦能助长基部节间和上部叶片的伸长，使群体过大，恶化光照条件，引起倒伏和病害的发生。对于大穗型品种，还会因颖花分化过多，导致结实率降低。剑叶抽出时正是花粉母细胞减数分裂期，基部节和叶片伸长趋于稳定，即使氮素浓度较高，也不会造成株型恶化。因此，穗肥在抽穗前15～18天施用较为适宜。施肥量不宜超过总施氮量的5%～8%，如果水稻长势过于繁茂或有稻瘟病发生的症状，则不宜施用穗肥。

（4）粒肥有延缓出穗后叶面积下降和提高叶片光合作用的能力，

有增强根系活力、增加灌浆物质、减少秕粒、增加粒重的作用。但粒肥施用不当会导致贪青晚熟。因此，粒肥的施用一般是在安全抽穗期前抽穗或生长后期有早衰、脱肥现象时才能施用。粒肥应在齐穗期至齐穗后10天内施用，施肥量应根据水稻长势和叶色浓度来确定，一般土壤肥力高，前期施肥充足，水稻长势良好的稻田不宜追施粒肥。

（四）秧苗的根外追肥

水稻除根以外还可以通过茎叶吸收养分，而且肥料利用率较高，这种通过非根系吸收营养的现象就是根外营养，向根系以外的营养体表面施用肥料的措施就是根外追肥。根外追肥不但可以较快地被茎、叶吸收利用，还能避免养分被土壤固定及脱氮的损失。水稻后期根外施肥，可有效地缓解后期根系衰老和肥料供应不足的矛盾，从而延长中片寿命，加强上部叶片的光合功能，增加碳水化合物的形成与积累，促进早熟，增加千粒重，达到增产的目的。

（1）注意根外施肥料种类。不是所有的肥料都适于根外施用。不适合根外施肥的肥料有不溶于水的化肥，如钙镁磷肥；有具有挥发性氨的化肥，如氨水、碳酸氢铵；还有含有毒物质的化肥。尿素是中性有机物，易被水稻茎叶吸收而又伤害极少，特别适用于根外追肥。追后30分钟后叶片的叶绿素含量即有增加，5小时后可吸收50%左右，最后可吸收90%左右。

（2）根据具体情况确定根外施肥的方法。根外施肥通常是在齐穗期至灌浆期喷施，其作用与粒肥相同，如果缺氮以选择尿素为宜，喷施浓度在1.5%～2.0%范围内为好；如果是磷、钾不足，可选择0.5%磷酸二氢钾加上1%尿素。微量元素浓度在0.1%～0.5%为宜。喷施时间最好是下午或傍晚无风时。

（五）侧深施肥的技术要点

侧深施肥（亦称侧条施肥或机插深施肥）技术是水稻插秧机配带侧深施肥器，在水稻插秧的同时将肥料施于秧苗侧位土壤中的施肥方法。其主要优点是可促进前期生育；肥料利用率高，施肥量可减少20%左右；有利于防御低温冷害、省工、省成本；也可减轻对河川、湖沼水质的污染。主要技术要点如下：

（1）稻田耕作、整地最少在12厘米以上。耕层浅时，中期以后易脱肥。水整地精细平整，泥浆沉降时间以3～5天为宜，软硬适度，以用手划沟分开，然后就能合拢为标准。泥浆过软易推苗，过硬则行走阻力大。

（2）侧深施肥要与追肥相结合，侧深施肥虽可代替基肥和分蘖肥，但中后期追肥量不能减少。侧深施肥部位一般为侧3～5厘米，深5厘米。

（3）调整好排肥量，保证各条间排肥量均匀一致，否则以后无法补正。在田间作业时，施肥器、肥料种类、转数、速度、泥浆深度、天气等都可影响排肥量。为此，要及时检查调整。

（4）不同类型的肥料（颗粒、粉状）混合施用时，应随混拌随施肥，防止排肥不均，影响侧深施肥的效果。

施肥量要根据当地的施肥水平及各生育期的施肥量，将基、蘖肥的总量下调20%，后期施肥量不减。

三、施肥注意事项

（一）冷浸水田的施肥策略

冷浸水田的特点是水分过多、土壤中的空气过少、土质冷凉，影响土壤中微生物的活动，所以有效养分含量极低，并因经常处于还原状态，水稻根系生长发育不良，致使前期生长缓慢，分蘖少。后期则随气温的上升，有机质矿化迅速，又易促进水稻过量吸收养分，使植株猛发徒长，诱发稻瘟病和延迟出穗而影响产量。因此，冷浸田施肥要掌握的原则是：早追施返青肥，适当控制后期施肥，防止贪青晚熟及成熟度低；增磷补锌。冷凉条件下水稻吸磷受阻，因此要增加磷肥的施用量，同时补充锌肥。

（二）盐碱地施肥策略

（1）以增施有机肥为主，适当控制化肥施用量。有机肥中含有大量的有机质，可增加土壤对有害阴离子、阳离子的缓冲能力。有机肥又是迟效肥，其肥效持久而不易损失，有利于保苗、发根、促进生长。盐碱地施用化肥量不宜过多，一般碱性稻田可选施用偏酸性肥料，如过磷酸钙、硫酸铵等。含盐量较高的稻田可施用生理中性肥料，以避免加重土壤的次生盐渍化。盐碱地施用化肥应分次施用，少吃多餐。

（2）增施磷肥，适当补锌。磷的有效性与土壤酸碱度有密切关系。在土壤pH值6～7.5的范围内，速效态磷较多。pH值大

于7.5时，则形成难溶性的磷酸钙盐，速效磷量降低。pH值小于5.5时，由于铁、铝对磷的固定作用，速效态磷量也降低。盐碱地开发种稻后，淹灌30~50天，土壤pH值由8降低到7.0~7.3，因而有效态磷量也有一定程度的增加，但仍低于非盐碱地土壤淹灌后磷的含量。因此，盐碱地水田要增加磷的施用量。在内陆盐碱稻区，缺锌现象比较普遍，容易产生稻缩苗。因此，盐碱地水田要适当补锌，可采用底肥施用或在插秧时蘸根的方法。

（3）改进施肥方法。盐碱地氮的挥发损失比中性土壤大，深层施肥肥效明显高于浅表施肥。因此，改进盐碱地施肥技术一是应选用颗粒较大的肥料，以减少表面积与土壤接触，二是改多次表施为80%作基肥深施肥或全层施肥，20%作为穗肥表施。

（三）重视农家肥的作用

稻田常用的农家有机肥以堆厩肥为主。北方老稻田的有机质含量一般在3%左右，每亩施用农家肥以1000~2000千克（约2立方米）为宜。因为在北方种一季稻，每亩土壤中需要有机质40~50千克，约合堆厩肥500千克。同时为了培肥地力，每年每亩需要补充有机质100千克，约合堆厩肥1500千克。

稻田农家肥的施用，一般可在秋翻前或春耕前，为了施好有机肥，起到既增产又培肥地力的作用，在施用时要注意以下几点：

（1）施用充分腐熟的农家肥。腐熟的农家有机肥不仅肥效发挥早，释放快，不产生有害物质，而且还将有机肥中的病菌、虫卵及杂草籽杀灭，减少病、虫、草害的发生。未经腐熟的农家肥，在淹水缺氧的条件下，容易使土壤处于强还原状态，产生有害物质，危害水稻根系的生长。

（2）施用农家肥的地块要基本平整。如果田面不平整，施肥后经过翻地、平地，会将高处的肥料推移到洼处，造成高处无肥或少肥，洼处肥量过多，使水稻生长发育不一致，肥多的地方贪青晚熟，肥少的地方生长量不足，影响产量。

（3）均匀撒施。施农家肥时要均匀撒施，特别是粪堆底，一定要彻底铲净，一点不留。否则，粪底子会出现稻苗徒长现象，无法控制，不仅会发生倒伏现象，还易诱发稻瘟病、纹枯病等病害，从而导致减产。

（四）稻草还田的措施和注意事项

稻草中含有水稻生长发育所必需的多种化学元素和多糖类有机物质。稻草还田腐解后，不但能有效地增加土壤中的有机、无机养分，而且还能改良土壤质地和结构，增加通透性，提高地力，是实现水稻生产可持续发展的一项重要措施。

研究结果表明，每平方米翻压 3 千克干碎稻草，土壤中全磷、速效钾和速效硅等与水稻抗性有关的元素均有较大幅度的增加，硝态氮可增加 3 倍，氨态氮可增加 1 倍，磷可增加 17 倍，钾可增加 50 倍。同时还能改善土壤的物理性状。

一般每年还田稻草量为 5250 千克/公顷，就可保持土壤有机质的平衡，并逐年有所提高。还田量增加，土壤有机质含量的增加就较快。还田量在 7500 千克/公顷以内，水稻产量随稻草量的增加而提高，但超过此量，产量增加就会缓慢。如还田量达 11250 千克/公顷，当季水稻将减产，第二、第三年增产。因此，稻草还田量要从提高产量和增加土壤有机质含量两个方面综合考虑。一般还田量在 5250 ~ 9750 千克/公顷较适宜。实践证明，秋季还田，到第二年秋季，稻草可分解 80% 以上。

在实行水稻生产机械化的稻区，水稻秸秆还田主要有三种方法：一是用半喂入联合收割机配带抛撒装置直接还田；二是分段收获，用联合收割机拾禾时配带抛撒装置进行还田；三是下枯霜后 1 ~ 2

天，用大型联合收割机配带装配抛撒器进行高留茬粉碎还田。

稻草中的硅和钾含量高，稻草还田后有利于水稻抗病、抗虫、抗寒、抗旱、抗倒伏能力的提高，促进根系发育。但是稻草中的主要成分是纤维素和半纤维素，碳氮比值大，分解比较慢。虽然稻草还田对于土壤有机质含量的提高、降低土壤容重、增加土壤孔隙度和改善稻田通透性具有良好的作用，特别是对渗透不良的瘠薄地改良效果十分明显。但由于北方稻区无霜期短，早春气温偏低，稻草还田的地方应采用如下措施：

（1）秋季还田一般先将稻草铡成 10～15 厘米长，均匀地撒在稻田地，然后进行秋翻耙。水稻分蘖期还田应将稻草铡成 5～10 厘米长，均匀地撒在垄中。

（2）稻草还田一次用量不宜太多，一般以每公顷施 2～3 吨为宜。如果一次施稻草量过多，稻草在还原状态下分解时会产生大量有害物质，反而对水稻生长不利。

（3）由于稻草含碳多，含氮少，碳氮比值高，稻草施入土壤中需要经过土壤中的微生物分解。当土壤中的微生物以稻草为食进行繁殖活动时，稻草中的氮素不能满足微生物自身繁殖的需要，必须从土壤中吸取部分氮来补充，这样稻草还田后，前期不但不能给水稻的生长提供氮素营养，反而会和水稻争夺土壤中的氮。所以，稻草还田要在水稻前期增施氮肥，增氮量一般为每施 1000 千克稻草，增施 3～5 千克氮素。

（4）稻草还田的稻田要及时、多次地排水落干晒田，排除稻草在分解腐烂过程中产生的有害气体，增加土壤中的氧气，促进根系生

长，不要长期淹水，否则会产生有害气体，危害水稻根系。

第一，提倡稻草过腹还田，即稻草经过糖化或氨化后，喂饲草食家畜和家禽，然后以农肥还田养地。

第二，过圈并发酵后施用。就是把稻草当做畜厩中的垫草，任由家畜踩踏，定期和着家畜粪便一起堆积发酵。此外，还可以把稻乱、稻糊涂或铡碎的稻草与人畜粪便混合，在高温下发酵。快速发酵可用塑料薄膜覆盖的方法，这样做还可以杀死附着在稻草上的病菌和虫瘿等，起到既肥田又安全生产的作用。

第三，用稻乱或稻草直接还田。这种方法简单易行，但要防止大风把稻草吹跑或因堆积而造成施肥不均匀。为了不影响秧苗移栽，稻草直接还田时要翻压彻底，防止泡田整地后浮在地表，给插秧造成困难。稻草直接还田的数量以每亩一次不超过 500 千克为宜。稻草直接还田的水稻本田前期要适当多施一些氮肥，以防止稻草腐解过程中与秧苗争氮造成氮素供应不足而影响水稻分蘖。

第四，高留稻茬。就是在收割水稻时，把稻茬留高 10 厘米以上，翻到土壤中同样可以起到稻草还田的作用。高留稻茬田在翻耕时要深翻 15 厘米以上，把稻茬彻底翻压到土壤深处，并要精细耙地，防止稻茬漂浮在水面，影响水稻的移栽作业。如果翻压不彻底，仍有稻茬浮出时，可用轧耙将其摁入田面以下。高留茬除能起到稻草还田的作用外，还有方法简单、省工、省力、减少稻草来回拉运、成本低廉等优点。田间管理和注意事项与稻草直接还田相同。

稻草还田对提高水稻产量和土壤肥力均有较好的作用，但如果还田方法和操作技术不当，将会影响水稻的产量和效益。因此，为了充分发挥稻草还田的作用，在还田时必须注意以下几点：

（1）稻草还田要与轮耕体系相结合，一般在深翻或浅翻年度进行，使稻草深埋土下，确保充分腐熟。

（2）秋季粉碎抛撒的稻草，如果春季水整地有打浆平地机，秋天可以浅翻10～15厘米，否则应深翻掩埋。

（3）是高留茬30～40厘米或粉碎较长的稻草，秋翻时必须用大犁深翻掩埋20厘米左右。一般在土壤含水量30%左右时即可开始，至地面达到封冻状态停止作业，时间大约是9月25日至11月5日。春季耕整时要先旱旋，再放水整地，在旱旋前施好基肥。

（4）以秋季还田为主，还田作业宜早不宜晚。稻草在土壤中经过一个冬季的冻融进程，组织结构松散，离散程度提高，利于微生物分解，且春季4月份土温大于5℃时微生物开始进行分解活动，到插秧时有1个月的有效腐解时间，稻草碳氮比下降，可以减轻插秧后秸秆与苗争氮的现象。另外，秋季还田还能减轻翌年春季耕作负担，可有效地克服春季翻埋局限性大、农时紧张的缺点。

（5）稻草还田腐熟的快慢与氮肥有直接关系。稻草一般含氮量0.75%以上，最高可达7%，含碳量为43%，碳氮比为50∶1～60∶1。但适合微生物分解的有机物一般含碳40%，含氮2%～1.8%，碳氮比为20∶1～30∶1。因此，100千克稻草加1千克左右的氮即可克服暂时固氮。目前，在北方特别是黑龙江稻作区水稻生产中，施氮量均高于1%（即每亩施尿素13千克左右），所以在常规施肥水平下，稻草还田都会使产量增加。连续全量还田的第一、第二年度，按当地常规量施用，第三、第四年度减少10%～15%。为了促进稻草的早期分解，在全年施氮量不变的情况下，要调整氮的施用比例，即基、蘖、穗比例由4∶4∶2调整到5∶4∶1即可。

第四节 稻田高效灌溉技术

一、灌溉措施及其对水稻的影响

（一）稻田淹水后的土壤变化

稻田淹水后，耕作层为水分所饱和，空气被排除，气体交换受阻，氧气含量急剧下降，稻株呼出的二氧化碳等气体相对积累起来，使土壤呈还原状态。先是分子态氮的消失，再是硝酸盐的消失，然后是锰与铁的氮化物相继被还原，最后是硫酸盐的还原及氢和甲烷的生成。整个还原过程可以分成两个阶段：第一阶段是有机质的分解，以好气微生物和嫌气微生物活动为主；第二阶段随着氧化还原电位的下降，有机质的分解改为以专性嫌气微生物为主。

第一个还原阶段的长短取决于土壤中易分解有机质含量和氧化铁含量的比值。氧化铁含量高的土壤，第一阶段延长；而易分解有机质含量高的土壤，第一阶段持续时间短，很快就会进入第二阶段的还原过程。

稻田土壤中的还原状况对水稻吸收营养元素是有利的。如在还原状态下，无机氮几乎全以铵态氮形式存在，有利于水稻的吸收和利用。另外，在还原条件下，也有利于磷、铁、锰、硅等元素的溶解度的提高，以供水稻吸收利用。如高价磷酸铁是难溶解于水的，在还原条件下，磷酸铁被还原为较易溶解的磷酸亚铁。所以，还原层发达的黏性冲积土的有效磷含量较多，渗漏性强的沙质土以及酸性强、活性铁和铝多的稻田有效磷少。

但是土壤的还原性过强也不是水稻生长的良好环境。因为在还原状况过强时，土壤中产生的亚铁、有机酸和硫化氢含量过多，会对稻根产生毒害作用，抑制稻根对磷、钾、钙等物质和水分的吸收。

稻田土壤中氧化还原电位的变化受很多因素的影响，但以通气不良和有机质分解等的影响最大。通过排水、晒田或采取适当渗漏灌溉等水层管理措施，可以改变和提高氧化还原电位。

淹水条件下氮的变化：水田土壤由于长期淹水，土层分化为两层，其性质很不相同，表面的一薄层为氧化层，厚度仅有数毫米，一般不超过 10 毫米，其下部为还原层。铵态氮肥或能转化成为铵态氮的氮肥如硫酸铵、碳酸氢铵和尿素等，如施于表面的氧化层会受硝化细菌的作用转化为硝态氮，而硝酸离子不能为土壤胶粒所吸附，于是随水渗漏于下边的还原层，逐渐在反硝化细菌作用下还原成水稻难以吸收利用的气体氮，逸失于大气中，这种现象称为反硝化作用。

淹水土壤中磷的变化：水田土壤淹水后磷的供给能力高于非淹水土壤，施入淹水土壤中的可溶性磷被固定在土壤固相表面，浓度上升比较显著，而且受水田土壤的性质影响很大。淹水后有效磷的增加以磷 A 值（即土壤有效磷和施用磷肥之比）表示，富含磷酸铁的酸性土壤磷 A 值较高，而磷酸铁含量低的钙质土壤和腐植土壤淹水后有效磷却没有增加。因此，土壤淹水后有效磷的增加主要在于还原，而非水解。淹水后水溶性磷的浓度增加，以含铁量低的钙质沙土最明显，含铁量低的酸性沙土次之，再次为近中性黏土，酸性铁质铝土的磷最少。

淹水条件下钾的变化：淹水后土壤中可溶性二价铁离子和锰离子增加，同时将交换性钾置换进入土壤溶液，在某些条件下土壤中存在的过量亚铁离子会与土壤中的钾盐结合，形成由 K_2SO_4、$FeSO_4$ 和水以不同比例组成的难溶性二价盐，从而降低了钾的有效性，铁吸收过多会妨碍钾的吸收。

（二）水稻生长的需水规律

水稻生长期间叶面蒸腾、株间蒸发和地下渗漏的水量合称为需水量，前二者又合称为蒸发量。

（1）蒸发量是决定水稻需水量的一个因素。水稻一生中的蒸发和蒸腾是互为消长的，前者由多到少，后者由少到多。从腾发强度来看，呈现出由少到多，又由多到少的过程。一般返青期到分蘖初期叶面积小，群体荫蔽度小，稻田对太阳辐射能的反射率大而吸收率小，所以此期腾发强度较小；之后群体叶面积逐渐增大，田间荫蔽度渐大，太阳辐射能的反射率减小而吸收率增大，腾发强度也随之增加；到孕穗至抽穗开花期，群体叶面积达到最大值，太阳辐射能吸收也达到最大，因此腾发强度也最大。进入灌浆结实期，由于下部叶片逐渐枯黄，绿色功能叶片减少，腾发量下降。总体来说，水稻腾发强度的变化过程与水稻叶面积指数的消长过程是一致的。

腾发量除与气象条件有关外，也受栽培技术如密度、施肥水平和灌溉方式的影响。一般是随着密植程度、施肥水平的提高和灌水量的增大而增大。

(2) 土壤渗漏会在一定程度上影响水稻的需水量。土壤的渗漏量因土质、水文和栽培措施的不同而有很大变化。土质黏重的稻田，全生育期日平均渗漏量为10～20毫米，多的可达到50毫米。地下水位高的稻田渗漏量小，高产田保水性能好，一般日渗水量在10毫米左右。

水稻的蒸腾量、蒸发量、渗漏量的规律是适时、适量进行灌溉的主要依据。研究表明，每公顷水稻植株全生育期需水量为2310立方米，占总用水量的11%左右；蒸发量为3735立方米，占17%左右；而渗漏量则多达15660立方米，占72%左右。水稻中大量的水消耗在蒸发和渗漏上。合理运用灌溉技术，调节水稻需水量，是节水栽培的一项关键技术。

(三) 水稻生理需水与生态需水的辩证统一关系

(1) 水稻生理需水是指水稻通过根系从土壤中吸入体内的水分，以满足个体生长发育和不断进行生理代谢所消耗的水量，它的重要指标是蒸腾系数（生成1克干物质所需水分的克数）。在各种作物中水稻的生理需水并非最多，一般为395～473.5克，与小麦、大豆等作物相近，但高于玉米和高粱。

水稻一生中干物质的增加量早期少而中后期逐渐增高，出穗期最高，以后又逐渐下降。水稻各生育期的蒸腾系数正好与之相反，即早期较高，中期较低，而以成熟期为最高。水稻蒸腾系数的大小还与品种的生态特性、生理状况和生育期长短有关。植株高或生育期长的品种蒸腾系数大，而植株矮小或生育期短的品种蒸腾系数也小。另外，外界环境条件也对蒸腾系数有直接的影响，例如，大气湿度越大，蒸腾系数越小；反之会增大蒸腾系数。

(2) 水稻生态需水是指稻株外部环境及其所生活的土壤环境的用水，是作为生态因子调节稻田湿度、温度、肥力和水质以及通气作用等所消耗的水量。它主要包括稻田的蒸腾和渗漏部分，所谓稻田蒸腾是指田间水面或土壤蒸发到大气中去的水分，渗漏则是指由于受土壤重力水的影响而发生的垂直渗漏及由于水势梯度而产生的侧向渗漏。

水稻个体的生理需水与群体的生态需水是对立统一的。一般情况下，水层管理是根据这两者的统一关系来确定的。当水稻生长过旺，即个体生理需水和群体生态需水发生矛盾时，水层管理方式需要根据群体的生态需水来制定。由于水稻生理需水和生态需水在不同时期内有一定的变化幅度，而且又受气候、土壤、栽培季节和栽培条件等因子的影响，所以水稻水层管理方式应根据其生理和生态需水变化合理进行。

（四）把握水稻生长期及其需水规律

（1）水稻种子在萌发期需水量较少，在适当的温度和氧气条件下，只要吸收种子本身重量25%的水分就可以萌发，而40%水分最为适宜。

（2）从第一片真叶（完全叶）抽出到分蘖开始前称为幼苗期。从生理上看，幼苗期更适宜湿润。因为1～2叶时，稻株体内的输导组织还不健全。此时如果稻苗泡在水里，根的生长会受到阻碍。尤其是灌水过深时，会导致叶片变态，细胞壁变薄，茎叶较弱，而浮在水面上；根系发育不良，不下扎，而集中在土壤表层。

（3）稻苗长至4片叶后开始分蘖，插秧返青后进入分蘖阶段。为了促进早分蘖，争取低位分蘖，促进根系发育，同时使植株更健壮，要求浅水灌溉。因为浅灌可以提高水温、地温，增加茎基部光照和根际的氧气供应，加速土壤养分的分解，为水稻分蘖创造良好的条件。此时如缺水干旱，会延迟分蘖，减少分蘖数。如果灌水太深，又会抑制分蘖。根据这些特性，在有效分蘖末期，通常采用加深水层或排水烤田的方法以抑制无效分蘖。

（4）北方稻区的水稻从幼穗分化期到抽穗开花，蒸腾作用旺盛，是水稻一生中生理需水最多的时期，也是耐旱性最弱的时期，同时又是水稻生理上最重要的时期。此期，水稻对外界的影响很敏感，特别是花粉母细胞减数分裂期对水分尤其敏感。所以，这个时期供水不足，会严重阻碍颖花分化，穗粒数及千粒重均会减少，对水稻产量有决定性的影响。此外，抽穗开花期也是水稻对水分反应较为敏感的时期。此期缺水受旱，花器容易枯萎，阻碍开花受精，增加不实粒数，甚至导致抽穗困难。

（5）水稻的灌浆结实期是谷粒充实期，谷粒中的物质绝大部分是出穗后光合作用的产物，少部分是前期积累的物质转移到谷粒中。这时缺水会使籽粒不饱满，千粒重下降，秕粒增多。蜡熟以后，水稻需水量下降，可以保持湿润状态或适度落干，以促进早熟。

（五）浅、湿、干间歇灌溉技术

浅、湿、干间歇灌溉技术的特点是浅灌与湿润相结合，并适时晒田，构成浅、湿交替。浅、湿、干灵活调节的灌溉方式，跳出了传统的淹水灌溉模式，克服了旧的传统灌溉的缺点，使稻田水分状况多样化。

浅、湿、干间歇灌溉可使田间积温增加 76～165℃，10 厘米土层大于 10℃的积温增加 43～63℃。这对于北方，特别是寒地稻区水稻的生长发育和后期成熟，都有重要的促进作用。

这种灌溉方式创造了大气向土壤直接供氧的条件，稻田土壤的热状况得到改善，起到了增强根系活力的作用，可有效地防止黑根和早衰。

浅、湿、干间歇灌溉可改善水稻生长形态，促进生育适时转化。浅、湿、干间歇灌溉在水稻生育前期能促使根系发达，蹲苗稳长。

中期晒田控制无效分蘖，达到群体协调生长发育，植株呈丰产长相，上部三叶直立，基部节间短，茎秆粗壮，增强抗倒伏和抗病虫害能力。生育后期干干湿湿，以气养根，保证水稻活秆成熟。

这种灌溉技术可调节生理生态需水，实现节水增产。浅、湿、干间歇灌溉可以避免或减少田间水的流失，在浅、湿交替中自然放露晾田，可避免不必要的明排水。占灌溉过程50%～60%以上的时间无水层，大大减少了土壤渗漏量，可明显提高降雨的利用率。同时，浅、湿灌溉通过对腾发量强度的调整，也使水稻的耗水量减少。因此，北方稻区采用这种灌溉方式有利于节水、节本、提高产量。

（六）水层与水稻病虫害关系的研究

水层与病虫害的发生有密切的关系。水稻幼苗期间水层较深时，往往导致水稻绵腐病和苗期稻瘟病的发生，稻瘟病的孢子有一部分是借水流动而传播的。稻负泥虫和潜叶蝇也多发生在深水处。许多病害和虫害的发生都与水稻株行间的湿度有关，如稻瘟病相对湿度在90%以上时适于发病；白叶枯病相对湿度在70%以上时发病较严重；纹枯病在高湿条件下发病加重。害虫如三化螟、稻苞虫、稻飞虱、叶蝉等卵孵化率的高低和为害时间的长短，一般都与温湿度条件有关。而这些条件除了受天气的影响外，主要受灌水的影响。所以，根据气候及其他条件适当调控水层，采取相应的灌溉措施，对减少病虫害的发生和蔓延能起到一定的作用。

（1）“浅水促早发，

不发用手挖”，主要是采用浅水灌溉技术，通过增加土壤温度，来调节水稻的生长。

水稻早期对水分的反应非常敏感。秧苗移栽后如水层过深，会使稻苗细弱，素质下降，返青期拖长，甚至把稻苗淹死。移栽后的水稻，初期生育对气温、水温及地温也很敏感。特别是植株干物质和茎叶的相对生长率随着温度的上升而明显增加，而温度又与灌水措施有直接关系。

另外，在北方稻区，灌溉水的温度对分蘖发育的影响大于气温。水稻分蘖早生快发，除秧苗素质外，主要取决于水温。浅水灌溉可以提高水温和地温，增加土壤氧和有效养分，并使稻株基部光照充足，为水稻分蘖创造良好的环境条件。浅灌分蘖早，分蘖节位低，不但能够增加分蘖的数量，而且能够提高分蘖的质量。另外，早期进行人工挠秧有利于土壤松软，增强通透性，促进微生物的活跃和土壤养分的释放，对水稻早生快发也能起到较好的作用。

（2）冷水主要包括高山雪水、井水、山间泉水和大型水库深孔放出的底水等。其特点是水温很低，水中所含养分少或基本不含养分。如不经过处理用以灌溉稻田，会对水稻产生一系列的不良影响。

水稻长期在淹水下生育，一般水温的影响要大于气温。水稻在出穗前 10 天，如果在水温 17℃以下处理 10 天左右，几乎颗粒无收；如长期用平均水温在 20℃以下的冷水灌溉，亦将濒临绝产。水温对水稻的影响主要表现在光合作用、根系吸水和矿质营养吸收以及根系发育上。

水温的高低与灌溉水的来源、深度、流程、流动状态、悬浮物的有无等都有密切的关系。解决措施：

① 对水源进行处理：如对大中型水库要采用表层取水措施，或放入河道加大流程增温。

② 延长水路：对深井冷水最好是经过一段较长的流程，使之充

分接受阳光照射，提高水温后再进入田间。

③ 增加跌水，减缓流速：如果灌区的灌溉渠道为三、四级，可以根据地形，在连接处增设跌水，降低渠道比降或加大渠道宽度，以减缓流速。

④ 修筑晾晒池或缓流池：根据地形可修筑多个晾晒池，低温水经过晾晒升温后再进行灌溉。

⑤ 改进灌排方式和灌溉技术：冷水灌溉的进排水口需交错设置，或采用晚上灌溉等技术，使田间温度不致因灌入是冷水而骤降。

（3）合理增温，促进水稻生长。北方特别是寒地稻作区具有三低的特点，即气温低、水温低、泥温低，对水稻生育及产量影响较大。因此，采取有效的措施，提高灌溉水温，对促进与发展水稻生产、提高水稻产量具有重要的意义。具体方法是：

①设立晒水池：一般一井一池，或几井一池。晒水池占地面积为井所负担面积的2%～3%，池底与地面相平，水深0.5米左右，池内设隔水墙，交错排列，使池水迂回流出，增加水温。在晒池一侧设立出水口，装叠板式闸门，用挡板拦水，增减方便，利于取表层水。井水延长并架高，使水喷射池内，提高水温。

②建立宽浅式灌水渠：坡降过大时增设跌水，减缓水流速度，并延长渠道，使水在渠道中提高水温。已有研究表明，每延长水路100米，井水温度可提高1.2℃；在斗渠上覆盖薄膜，随时清除渠道内杂草，均有明显的增温效果。

③将进水口加宽、垫高：通过进水口的改变使水流宽浅滚流田间，增加阳光照射来提高水温，每经过7～10天更换进水口位置，防止水口处低温造成水稻贪青。

④井水综合增温：建立“地上池，地下渠”的工程增温、设施增温、技术增温相结合的井水综合增温技术，即按稻田地面积的2%

在地上筑一长方形、深为1.5米的晒水池，晒水池内设置三层叠水，并在水池上方架设高1米、长20米的“小白龙”进行增温；在灌溉上采取延长输水渠道和倒卷帘式灌水方法提高温度；在技术上采取浅、湿灌溉方法，既可提高水温，又能节省用水，即浅灌3~5厘米水层，渗至地表无水后再浅灌3~5厘米水层，如此反复进行；要单排单灌，不宜串灌。灌水时间以夜间或清早为好。

（七）水稻晒田的实施标准

晒田后由于土壤氧气的含量增加，使原来存在渍水土壤中的还原物质如甲烷、硫化氢和亚铁等得到氧化，含量显著减少。同时使好氧微生物的活动增强，促进有机物的矿化，从而提高土壤有效养分的含量。在晒田期间，土壤铵态氮和有效磷含量下降，但复水后又会急剧提高。因此，晒田在调节土壤养分方面，对水稻的生长发育能够起到先控后促的作用。晒田期间稻株总根数和白根数增多，复水后的根数增加更多。由于晒田引起根系下扎，使稻根在土壤下层的分布比例增加。由此可知，晒田可以提高根系的质量，扩大根系的活动范围，增进根的吸收能力。晒田后叶色由青绿变成淡绿或黄绿，株型由披散变为挺直，分蘖受到抑制，有利于改善群体结构和光照条件，茎秆粗壮，抗倒性能增强。

晒田一般多在水稻对水分反应不甚敏感时进行。分蘖末期至幼穗分化初期是晒田的适宜时期，一般多选择在有效分蘖终止期前3天进行晒田，时间一般为5~7天。晒田程度应以苗数足、叶色浓、长势旺、土质肥沃、土壤渗漏量小的地块稍重晒，反之则轻晒。低洼冷浸地和水稻根发黑的地块，即使长势不旺、苗数不多，也应排水轻度晒田。

地势洼、地下水位高、排水不良的烂泥田，或因稻草还田施入大量的有机肥，发生强烈还原作用的田块要早晒、重晒，以使田土沉实，达到进入后不陷脚的程度。土质黏重的田块可见鸡爪裂纹，对这类稻田还需要采取排水措施，降低地下水位，改善土壤环境。

水稻生长正常的高产田要及时晒。这类稻田一般土壤肥力高，通透性好，晒田主要是为了控制无效分蘖。当每亩茎数达到预计穗数或稍前时，即应开始排水干田，到田面硬实、出现小裂纹时可灌一次浅水，待自然落干后继续晒，直到幼穗分化。

前期施氮肥过多，秧苗生长过旺，有倒伏危险的稻田要早晒、重晒。一般当茎数达到预期穗数 80% 时即开始晒田，直到田面出现小的龟裂，下田不陷脚，使苗色逐渐落黄。中间可过水一、二次，以延长晒田时间，使田面不至于干裂过甚而妨碍水稻的正常生理功能。对于前期生育不良、茎数不足的稻田以及肥力差、土壤渗透性强的漏水田，一般不必晒田。另外，中、重度盐碱荒地不宜晒田。

（八）水稻收获前要晚断水

水稻灌浆成熟期是叶同化产物向子实转运积累的关键时期，也叫产量形成期。提高产量的关键就在于如何保持有高度同化能力的叶片和生活力旺盛的根系。由于水稻生育后期根系活力下降，叶片养分迅速向子实转移，极易衰退落黄，这些都不利于结实以及千粒重的提高。因此，高产栽培必须讲究保持根系活力，以根保叶，以叶保产。如果后期断水过早，会降低根系活力，影响灌浆。尤其对灌浆期长的大穗型品种影响会更大。在盐碱稻区，断水过早还可能由于缺水返盐，出现“返秆”现象，造成严重减产。后期排水过早对整精米率的影响也很大。因此，水稻收获前提倡晚排水、晚断水。一般以收获前 7～12 天断水为宜。

二、稻田的灌溉管理

（一）低洼地、盐碱地的灌溉管理措施

地洼地一般地下水位高，排水不良，稻田长期处于水分饱和状态，水冷土温低。土壤中水、肥、气、热状况不良，还原物质含量高，水稻生长受阻。因此，低洼地的灌溉必须以增温、增气为前提，采用干干湿湿、浅、湿、干间歇灌溉的方法。即除在孕穗期保持较深水层外，有条件的地方在分蘖末期结合晒田，还应进行浅水灌溉或干干湿湿灌溉，以改善其冷凉性。当灌溉水温低时，应设法先提高水温，设立晒水池或回水沟等将冷水晒暖后再灌入田中。

盐碱地灌溉管理有以下几方面需要注意：

（1）根据盐碱地的特点，不断淋洗盐碱。在滨海重盐碱地或新开垦盐碱地，因地势低洼和地下水咸，大多具有种稻后周期性返盐的现象。这是因为土壤盐分受地上环境条件影响而上下运动。在稻田灌溉期间，地表有淡水，土壤盐分随水下降或排走，会有一定深度的土层淡化。但在停水以后的干田期，地下咸水随大气的蒸发作用又会将盐分带回地表，淡化了的土壤再次盐渍化，每年周而复始。内陆地区的碱化土壤，一般透水性差，盐分难以淋洗。在这种情况下，除了种稻前需泡田洗盐外，种稻期间也要不断洗盐压盐，以防止盐碱危害，保证水稻正常生长。重盐碱地和新垦盐碱地如此，排水不良时种稻多年的老稻田也不例外。未经改良的盐碱地除了种稻前必须提前泡田洗盐外，淹水 2 ~ 3 天后还要迅速排水，再换一次新鲜水。

（2）不断改进灌溉技术。在盐碱地种稻实行淹水灌溉方式，适当加深水层，并及时换水排水，因而使用较大的灌溉定额。这是为了保苗不得已采取的措施，对新垦盐碱地和重盐碱地，这种灌溉方

式是合理的。对经过多年种稻改良的盐碱地，土壤已不同程度地脱盐，形成了1～1.5厘米厚的地下淡化层，重盐碱地逐步演变成轻度或极轻度的脱盐稻田，这样就可以采用常规灌溉方式管理。盐碱地灌溉技术要不断改进，对不同的盐碱稻田应采用不同的灌溉技术，如“浅灌渗排”“浅水结合小落干”等先进技术，通过合理灌溉的淋洗作用，维持稻田土壤周年的盐分平衡。

（二）污水灌田的注意事项

污水含有大量的有机和无机营养。用污水灌溉水稻，如果掌握不好，会因营养过盛造成水稻生长过旺，贪青、倒伏、病虫害加重，最终影响产量。有些污水虽然经过一定处理，但是难免会有一定数量的有毒物质，如果灌溉不当不仅会对水稻的生长发育造成影响，同时也会对土壤造成危害，而且影响深远。

北方稻区在利用污水灌溉时首先要考虑的是污水中氮的含量。有人认为，污水中含氮量超过3毫克/升就会造成减产，如果超过5毫克/升则会造成严重减产。天津的试验表明，污水中含氮量以0.02%为宜，每亩水稻利用污水中的氮不能超过10千克。已知污水中氮的含量标准，又确定了每亩水稻利用纯氮的数量，这样就可以确定灌溉定额了。如天津市郊区测定的污水含氮量为0.02%，每亩地利用纯氮为10千克，所以认为每亩水稻只能灌污水50立方米。污水灌溉次数和灌水定额是根据水稻的生长发育规律和水肥调节模式来确定的。同时还要考虑农田污染的负荷量，即年负荷量、一次灌溉水负荷量均不得超标。水稻栽培模式是“前促、中控、后养”。所以污水灌溉只能在分蘖始期到分蘖盛期。返青后期和孕穗前结合施返青肥和接续肥也可适当补以污水。

污水同时还含有一定量的有毒物质，这也是不容忽视的。如污水中含有过量的有机质木质素、油、酚、硫化物、氰化物、高价铁、锰等，往往 pH 值不是偏高就是偏低。在制定灌溉制度和灌溉技术时需要慎重考虑这些因素，细致安排，达到趋利避害的目的。可采用秋翻晒垡，适当深耕，使土壤中积累的有害物质有一定的自然降解净化、土壤吸附和被微生物分解的时间。

（三）回归水的合理再利用

农田用水经过垂直或侧向渗入排水渠中而汇集起来的水叫回归水。在淡水资源日渐不足的情况下，这应是一项重要的水利资源。回归水既然是农田用过的弃水，其化学成分和物理性质也会因各地条件而不同。一般来说回归水都含有一定的盐类，其含盐量多少和类型，除决定于基础土壤和水质以外，还与渠道的等级和水量有关，顺序是排斗>排支>排干>排总。一般回归水的水温约比河水高 2 ~ 3℃，在井水灌区更高出许多。

回归水中有机质和其他营养成分的含量比较丰富，尤其是有机碳和钾的含量比河水显著高出许多，有的可高出 3 ~ 15 倍，硝态氮含量多达 0.5 ~ 2.0 毫克/升。正是由于回归水的这种特点，加上高温水中的生物作用，所以回归水中的含氧量多数较低。但回归水在流动过程中经过自净并和大气接触，含氧量也会有一定的提高。综合上述情况认为，回归水既有有利的一面，也有不利的一面。如能针对其特点进行合理利用，也大有好处。

（四）新开稻田的灌溉管理

水稻土在季节性淹水、干湿交替情况下，经过长期的耕作、施肥等各种栽培措施，形成了特有的剖面性质。稻田土的层次可分为耕作层、犁底层、渗育层、潴育层、潜育层和母质层等。它和通气良好的旱田土壤不同，一般在淹水后耕层为水分所饱和，空气被排除，呈还原状态；而当秋冬排水落干后充满空气时，又呈氧化状态。这样湿湿干干，氧化还原交替，反复循环，形成一种特殊的物理、化学和生物学过程，它使物质的转化和移动、养分的保持与释放以及水分的流动等都与旱田土壤不同。新开稻田的灌溉要注意以下几点：

首先，采用浅、湿、干间歇灌溉方式。新开水田由于稻田特有的剖面土层尚未形成，渗漏现象严重。因此，非盐碱地新开稻田应采用浅、湿交替灌溉方式，以节省用水量。对盐碱地新稻区则应采用洗盐和深水灌溉方式。

其次，新开水田在泡田前应将耕地整平，泡田后切忌断水。在排水方式上，最好是实行渗排或采取明排与渗透相结合的方式。

第三，对低洼易涝新开水田，要控制水稻生育后期的水层，采用干干湿湿的方式，以提高地温，促进早熟。对一般旱改水田可采用湿润的灌溉技术，以节省用水。

（五）严重缺水地区的灌溉管理

水稻在生长发育各阶段严重缺水，对产量均有一定的影响。一般将水稻一生的需水时期划分为三个敏感期，在三个敏感期灌溉不当对产量的影响更大。第一阶段是分蘖期，此时缺水会造成单位面积穗数大幅度减少；第二阶段是拔节孕穗期，此时缺水会造成穗数和穗粒数降低；第三阶段是出穗后，此时缺水千粒重和结实率会明显减少。如果这几个阶段连续缺水或受到干旱的影响，减少幅度会更大。因此，严重缺水地区的水稻灌溉应注意：

第一，在水稻非敏感期可以不灌水或进行湿润灌溉，水稻在短期内缺水呈干旱状态，根系发达，一旦复水，浮根迅速长出，使氮肥的摄取量增加。同时由于稻土内好气微生物的活动，使得稻田的速效养分增加，从而不会严重影响产量。

第二，避免在水稻敏感期缺水或长时期缺水。一般在缺水地区应尽量避免水稻敏感期断水。尽可能不要在两个阶段连续断水，这样会造成更大幅度的减产。如果在第一、第二两个阶段缺水严重，可适当进行湿润灌溉或间断灌溉。

第三，受到供水量的限制，缺水后复水在灌溉方式上宜先行湿润灌溉，然后根据水量充足与否进行浅水灌溉。

第四，充分利用自然降水。根据天气状况，适时调整灌溉定额。在有条件的地区，还可以在雨季到来之前多利用地下水，将地下水库倒空，然后利用雨季回灌。这样既可充分利用自然降雨，又可提高地下水的利用率。

（六）寒地水稻结实期的水肥管理

水稻抽穗期一般主茎保持4片绿叶，抽穗15~20天后最少仍保持3片绿叶，青秆绿叶、活棵成熟才能高产。因此，加强此期的田间管理十分必要。寒地稻区结实期温度逐渐下降，所以粒肥多在抽穗期至其后15天以内施用。一般在始穗期和齐穗期施用，每亩用量为1~1.5千克硫酸铵，其施用标准为以孕穗期的叶色为准，当抽穗期叶色比孕穗期叶色淡时即可施用粒肥。在水层管理上，出穗期浅水，齐穗后间歇灌溉，既要保证水稻需水，又要保证向土壤通气。灌溉方法为灌一次浅水，自然渗干到脚窝有水时，再灌浅水。前期多湿少干，后期多干少湿，直至出穗30天后停灌，以利于高产优质。此期主要病害是穗颈稻瘟、枝梗瘟及粒稻瘟，应采取有效措施及时进行防治。

第四章
水稻生产技术

第一节 旱稻生产技术

一、旱作稻的生产环节

水稻旱作在栽培管理上要以保全苗和除杂草为重点，着重注意以下几个技术环节：

（1）品种选择。要选用根系发达、繁茂性好的抗旱早熟品种。

（2）要精细整地。耕、旋、耙结合，使土壤达到精、细、平的状态，提高种子发芽率。

（3）要科学除草。在缺少水层的情况下，极易出现草荒，所以要特别强调搞好除草工作。要选用杀草谱广的高效药剂进行复方灭草，选择好配方和最佳使用时间。用药时土壤必须处于潮湿状态。结合化学用药，要组织人力拔除田间大草，坚决消灭草荒。

（4）要推广地膜覆盖技术。地膜覆盖不仅可以延长生育期，增加积温，而且对防治杂草也十分有利。

（5）推广种子包衣技术。不仅可以有效地消灭地下害虫，而且有利于保证苗全、苗齐、苗壮。在旱种条件下，如果管理得当，水稻平均每亩产量也可以达到 450～500 千克。如果旱种辅之几次灌溉，其产量可以接近移栽稻水平。

二、旱种稻种子的处理方法

播种前选择晴朗、无风天气把种子摊平在地上，晒2~3天，以促进种子酶的活性，提高种子生命力，增强种皮透气性，并使种子干燥一致。晒过后的种子先风选、筛选，再用比重为1:1的盐水选种。旱种稻种子用旱种种衣剂进行种子包衣，可在种子表面形成一层膜，并立即固化成种衣。种衣在土壤中具有三个作用：一是小水库，种衣在土壤中遇水只能吸胀而一般不被溶解，具有吸水作用；二是小药库，在土壤中可有效遏制鼠雀和地下害虫为害，防治稻株的恶苗病、干尖线虫病、稻瘟病和其他病害；三是小肥库，种衣剂含有锌、铁等微量元素，有利于种子发芽和苗壮。据调查，旱种包衣种子比不包衣种子的出苗率高88.2%，成苗率高879%，秧苗高度高13.6%，叶龄增加8.6%，分蘖增加40%，根数增加20%，并有根系入土深、活秆成熟、不早衰等特点。

包衣方法是用大锅或大盆等作容器，将容器清洗干净、晒干。根据药种比例分别称好药和种子，先将种子倒入容器内，再将药剂倒在种子上，边倒边用木棒搅拌，搅拌均匀后即可取出，摊开稍晾一会儿，即固化。其中干种子包衣可先对种子堆喷晒少许水搅拌，待种子表面潮湿后再倒入种衣剂搅拌，成膜会更加均匀，然后可装袋入库保存或播种。浸种后未发芽的种子表面晾干或沥干水后也可包衣，

但包衣后要立即播种。

未经包衣的种子在播种前需消毒浸种，用浸种灵1000倍液进行消毒浸种，浸种36小时，将种子捞出控净水后即可播种，切勿催芽，因旱直播墒情不好，易吊干种子，影响出苗。种子浸好的标准：谷壳颜色变深，胚部膨大突起，胚乳变软，手碾成粉，折断米粒无声响，米心不显白。如果谷壳仍为白色而谷粒坚实，说明吸水不够；如果谷壳颜色加深而有光泽和酒精味，就是浸种过久。育种家专门培育的旱稻品种和某些杂交稻品种，一般比较适合于旱地种植，这些品种根系发达，根的数量和质量都有明显优势。如旱稻品种，根的数量比常规水稻品种多30%～40%，而且根粗、根长、根毛多，伸长速度快，根系分布广、入土深，根系吸肥、吸水能力强，茎秆粗壮，抗逆性强；旱稻品种长势旺盛，分蘖力强，分蘖发生早而快，单株比常规水稻多分蘖1～2棵；旱稻品种穗大小适中，一般每穗颖花数120个左右，结实率90%以上，籽粒充实饱满。适合旱地种，稻的品种还应该具有植株高大、根系发达、分蘖强盛、大穗大粒、米质好的特点。

三、旱种稻的播种技术

①播种期：一般常规旱稻可在温度稳定在10℃以上后播种。河南等地的麦茬稻，应在小麦收获后及时播种，6月15日前播种完毕，最迟不得超过6月20日。否则，霜降前无法收获，影响下茬的播种。

②播种方法：采用人工开沟条播或机械条播，行距25～30厘米，开沟深7厘米，施入底肥与毒土（包衣后的种子不施毒土），覆盖土4厘米，剩下沟深2～3厘米播种，每延长米播种100～120粒，每公顷用种量为75～100千克。播种后覆土2.5～3.0厘米，特别要

注意踩实底格。

四、旱种稻的荒草防治技术

草害对旱种稻的威胁极大，俗话说“种旱稻，难除草”。采用化学除草是大面积种植旱稻的必备措施。化学除草以土壤封闭为主，茎叶处理和人工拔草为辅。

土壤封闭喷药时，地表要潮湿，最好在雨后施药，以利于在土壤表面形成药膜，充分发挥除草作用。如地表较干，一定要加大对水量，直到将地表喷湿为止。喷雾一定要均匀、喷透，平缓移动，不能马虎，严防漏喷。喷药时间在播种后 3 ~ 5 天，选择无雨、无风的傍晚或清晨进行。如喷药前大雨将至，不可喷药，否则药液随雨水淋至稻根生长点上，易产生药害，造成死苗。喷药 24 小时后遇雨，喷药有效。施药后 1 个月内不要铲地、松土，以保持药膜。1 个月后如需除草，尽量人工拔草而不用锄头。防治禾本科、莎草科及阔叶杂草的药剂种类及用量，每一配方都应单独使用，不可混用。具体配方有：

（1）60% 丁草胺乳油 150 毫升+25% 除草醚 500 克，对水 75 千克。

（2）60% 丁草胺乳油 150 毫升+25% 除草醚 500 克+25% 农思它 260 毫升，对水 75 千克。

（3）旱稻专用除草剂 1 号 200 ~ 250 毫升，对水 60 ~ 75 千克。

当秧苗长到 4 叶期以后，田间草荒严重时，也可进行茎叶处理。如出现 2 ~ 3 叶稗草时，每公顷用 25% 快杀稗可湿性粉剂 100 克，对水 75 千克喷施；如稗草和阔叶草（或莎草科杂草）同时出现时，每公顷用 60% 丁草胺乳油 150 毫升+10% 农得时 20 克+50% 杀草丹 300 毫升，对水 75 千克喷施。

五、旱种稻的合理有效施肥

旱种稻施肥技术讲究施足底肥，加用种肥，分期施用追肥。旱种稻土壤结构好坏对稻株生长的影响很大，只有多施农家肥，增加土壤有机质含量，才能保肥、保水、提高供养能力，一般每亩施农家肥2500～3000千克。化肥最好使用生理酸性肥料，每亩用硫酸铵61千克，同时磷、钾肥配合施入。在施肥方法上，本着前重后轻的原则分段施入。其中种肥每亩硫酸铵15千克+磷酸二铵10千克+钾肥5千克，混拌均匀施入，结合踩底格与土混拌后播种。第一次追肥在秧苗5叶1心（即苗高10厘米左右）期，雨前或结合灌水，每亩施尿素9千克；第二次追肥在第一次追肥10天后左右进行，每亩施尿素9千克；第三次追肥在拔节前，每亩施尿素5千克。追肥应根据稻株田间的长势长相，酌情增减。在灌浆期可喷施0.3%磷酸二氢钾2～3次，每隔5～7天喷一次，有显著的增产效果。

六、旱种稻的灌溉

旱种稻节省了生态需水和耕作需水，但必须满足稻株的生理需水。一般以自然降水为主，灌水为辅。出苗前可不灌水，但如土壤田间持水量低于75%，可浇底水播种，后期结合喷药、施肥，适期灌水。

灌水时期的指标是要使旱种稻高产，必须满足稻株在分蘖期、拔节期、孕穗期、抽穗期、扬花期以及灌浆期生长发育对水分的需求。如久遇干旱，土壤墒情低于最大持水量的65%（将植株拔出土壤，手握稻株基部抖动，根系上土壤落下），这时田间需灌水。如果田间持水量高于80%，土壤水分能满足稻株生长的需要，可不灌水。

灌水方法以早晨灌水为宜，水流量不要过猛。因为早晨稻株的体温与水温温差小，避免稻株根系原生质的黏性增大及降低细胞的渗透性。水分缓慢渗入土壤，使土壤的含水量达到饱和状态，有利于根系对水分的吸收。尤其是第一次灌水，更不能过猛，以防止旱生根转化为水生根，叶色变黄滞长。灌水原则是：头水早、二水紧、三水饱，以后看天看地灌得巧。

七、旱种稻的病虫害防治技术

旱种稻的生态环境和旱田相似，所以在大田作物上发生的病虫害，旱种稻也易发生。苗期为防治蝼蛄等地下害虫，可用50%锌硫磷100克拌细土20千克，随种施在播种沟内。已经包衣的种子不用施入毒土。根据预测预报，可用杀虫双、敌百虫等药剂防治稻苞虫、黏虫、二化螟等虫害。

旱种稻容易发生穗颈瘟病。因此，应在孕穗末期至破口期（即抽穗前7～10天），用20%三环唑可湿性粉剂50～100克，对水20～30千克喷施，或用40%富士1号可湿性粉剂100克，对水30千克喷施。有时发生胡麻叶斑病，可用0.3%磷酸二氢钾或5%的尿素作叶面肥喷洒。

第二节 节水种稻技术

北方稻区主要节水稻作技术有水稻旱作、旱种水管、地膜覆盖等多种方式。旱种水管及旱作稻在一些前期无水、后期多水的涝洼地、望天田（如辽宁省鞍山市的台安县、盘锦市的盘山县、大连的庄河市、丹东的东港市等地区）都有较大的种植面积，产量高的每亩可达500千克。综合利用上述技术可以使水稻每千克产量用水量限定在0.5~2立方米之间。

节水种稻的目的：

（1）节省水资源的需要。我国是世界上13个贫水国家之一，人均年淡水资源占有量仅为2340立方米，年耕地占有水量21900立方米/公顷，分别为世界平均值的1/4和1/2，而且时空和地理分布不均。南方的水量为北方的4.4倍，南方耕地占有的水量为北方的9.1倍。农业是用水量最多的部门，约占总用水量的80%，而水稻又是农业的用水大户，用水量占农业用水量的65%以上。

北方粳米历来以其晶莹的外观、丰富的营养和上佳的口味备受国人的喜爱，而且出口日本、韩国、土库曼斯坦及东南亚、东欧国家。但由于三北地区十年九旱，水资源严重不足，已成为制约北方水稻发展的关键因素之一。因此，为稳定水稻种植面积和产量，必须实施水稻节水栽培技术，利用有限的水资源生产出更多的稻谷来满足消费者的需要。

（2）水稻高产稳产的需要。长期以来，人们一直错误地认为“水稻水稻，必须水里泡”“种水稻，灌水越多越好”，其实不然，在一定的范围内，水量多少并不一定与产量成正相关。在水稻一定的生育时期和特定的土壤、气候条件下，适当减少灌水量，采取浅水与晒田相结合的灌水方式，不但不会影响水稻的生长发育，反而能改善土壤气体交换，有利于根系的生长发育，对水稻的生长十分有利。在分蘖期浅水可以增温促蘖；拔节期深水易使节间拉长，增加株高和倒伏的风险。通过节水栽培，还可有效地改善水稻生育环境，使水稻地上部与地下部保持最优生育状态，优化产量构成因子结构，实现高产目标。

一、水稻节水栽培的方法

水资源匮乏是限制北方粳稻发展的主要因素。为了解决这一问题，农业科研人员经过多年的研究，总结出一系列节水种稻技术。如通过硬化渠道实施的工程节水；采取适宜的育苗、插秧及灌溉方式的农艺节水；通过选育抗旱品种实行的生物节水；利用化学抗旱剂进行的化学节水等。其原理：一是减少地下渗漏；二是减少生态水的灌溉量；三是充分利用天然降水，发展雨养型稻作。生产实践上一般应坚持因地制宜，各有侧重，综合运用，包括选用抗旱高产优质新品种和杂交稻新组合、少免耕全旱整地、旱育带蘖壮秧节水栽秧、浅湿干交替间断灌溉、施用新型长效复合肥与合理经济施肥、应用化学节水剂与化学调控技术、节水稻田化学除草及秸秆覆盖与避旱栽培和调节种植制度等多种节水栽培技术，最终达到既节水又高产的目的。

水田地旱直播关键技术有以下几项：

（1）选择适宜优良品种。要求选用稻苗拱土能力强、抗病耐旱、生育期相对较短、分蘖力中等、穗型较大、抗倒伏能力强的高产优质新品种。

（2）选地与精细整地。一般多选低洼易涝的望天田或旱不长涝不收的旱田种稻。整地要求除净残根杂物及石块等，耙细耙平。

（3）合理经济施肥。除施氮、磷、钾肥外，提倡增施优质农家肥以培肥地力，并按水稻需肥特性，注意增施硅肥及锌肥等微肥。

（4）抢墒适期早播。抢墒播种对于保证全苗十分关键，一般在土壤 5～10 厘米深度、平均温度在 10～12℃以上时，即可进行播种。在辽宁稻区，以 4 月 25 日至 4 月 30 日播种为宜。

（5）加强田间管理。及时查田补苗，防治鼠害、虫害，及时除草。适当灌水，有条件的，可以进行全田漫灌一次，一般可保持 15～20 天。

二、高效节水灌溉

节省灌溉用水是节水种稻最关键的技术。要把灌溉水节省下来，主要应抓住以下两个技术关键：

（1）精细整地。插秧前地耙得如何对灌溉用水影响最大。特别是井灌田和漏水田，水耙地时务必要把地耙得细而再细，一定要形成泥浆，这样经过沉淀后，保水性就会特别好。如果地耙得不好，灌一次水只能保 2～3 天，这样就要增加灌水次数，增大灌水量。

（2）依据水稻不同生长发育阶段的需水规律灌水。水稻插秧后返青期正处于春季少雨干旱时，空气湿度低，蒸发量大，秧苗耐旱能力差。特别是盐碱地稻区的秧苗需水量大，此时一定要保持水层，适当增加灌水量与次数。一般每次灌水 5 厘米左右，促进返青和分蘖。进入幼穗分化期以后，代谢作用增强，叶面积增大。此时又正值北方稻区温度最高季节，需水多、蒸发量大，因此，是水稻生理需水最多的时期。此期一定要适当增加灌水量。在其他生态阶段，则可以以干湿交替灌溉为主。特别是在幼穗分化前半个月，可以充分地晒田，减少灌水量。

三、化学节水技术

化学节水栽培就是将定量的农业化学制剂应用于水稻、土壤和水面，对水分实行有效调控，以达到节水的目的。其原理是利用有机高分子物质在与水的亲和作用下形成液态成膜物质，利用高分子成膜物质对水稻及环境进行水分调节控制，达到吸收保水、抑制蒸发、减少蒸腾、汇集径流、防止渗漏、蓄水增水和有效供水的目的。

化学节水剂种类较多，有叶面蒸腾抑制剂、土壤或地面蒸发抑制剂、水面蒸发抑制剂等。目前生产的抗旱剂 1 号（又叫黄腐酸或 FA），就含有生长调节剂，具有显著的抗旱节水效果。应用于水稻既可以抑制叶面蒸腾，又可以促进营养生长。在节水条件下，特别是在干旱缺水时，水稻的生长受到抑制，生长量不足，应用化学调控技术可以取得事半功倍的效果。施用多效唑或烯效唑，可以促进分蘖，根系发达，增强抗旱能力。抗旱剂 1 号在本田和秧田中应用，是节水栽培中的有效措施。辽宁、河北、新疆及河南等省（自治区）大面积应用抗旱剂 1 号，已成为节水技术中的措施之一。东北三省、河北、陕西等省应用多效唑（MET）培育壮秧和本田应用，既有利于秧苗促壮，又有利于促进水稻增加分蘖。据各地调查，它能使水稻的秧苗矮壮、茎部变粗、叶片增厚、叶色浓绿、根系发达、抗旱力增强，水稻分蘖始期施用后，单株分蘖数比对照增加 1.4 倍，根数多 3 ~4 条，根系粗壮，耐旱能力增强。

四、大苗晚栽技术

大苗晚栽是一项选用适宜熟期的品种，采取稀播种，培育长龄带蘖壮秧，适当延迟移栽期的节水栽培技术。主要作用：一是缓解插秧供水紧张，节约灌溉用水。大苗晚栽秧苗移栽后雨季很快来临，可充分利用雨水，节省插后灌溉用水，实现雨养型节水稻作。二是错开了常规插秧季节，使因供水集中而产生的用水矛盾得到缓解。这样既可保证适期插秧用水，有利于合理安排农村劳动力，又可使晚栽水稻稳产高产。三是有利于防除杂草，省工省肥。由于栽秧时间延后 20～25 天，有利于田间诱发杂草，移栽前一次性整耙地灭草，并实行全层深施肥。改变了过去早栽秧后，田间出现草荒的状况。使杂草吸收田间肥料与稻苗争肥、多消耗养分的问题得以解决。

大苗晚栽应注意的技术环节有以下几个：一是选用适宜的中早熟品种，减少播种量，培育高素质的壮秧。播种干种 100 克/立方米，秧龄 50～60 天，6～7 片叶，带 2～3 个分蘖，100 株干重 20 克左右。二是控制氮肥使用量，增施磷、钾肥，并要控水、控温。三是适时晚栽，要掌握晚栽期下限，不能过晚。四是加强水肥管理，在水的管理方面，要采取浅湿干交替间歇节水灌溉，特别是井灌区，更要注意经常落水晒田，以利于提高地温，还要适当更换水口，采取有效方法提高水温，有利于促进早熟。在施肥方面，提倡有机肥与无机肥结合，氮、磷、钾、硅多元素平衡施肥，适当增加磷、钾、硅的施用量，酌情减少氮肥用量，施氮量比常规栽培减少 20%～25%，前期多施重肥，中后期一定要严格控制氮肥用量，以利于正常成熟。

五、晚育晚插节水栽培技术

水稻晚育晚插节水栽培是指在选用早熟高产品种的基础上，将播插期后移15～20天，即5月初至5月10日育苗，5月20日至6月10日插秧。这15～20天至少可少灌两茬水，每亩至少可节水150立方米，节水潜力巨大。

除少数极早熟稻区外，我国东北、西北和华北即三北地区的水稻栽培一般都是在4月上中旬育苗，5月上中旬移栽，5月25日前后移栽结束。此时恰逢该区干旱枯水期，风大雨少，日照充足，田间蒸发和渗漏量极大，正是缺水最严重和水稻用水最多的时期。此期移栽，仅泡田用水插后缓苗补水就消耗水田全年用量的30%以上。因此，水稻节水关键就在此期。

三北地区十年九旱，水资源极度匮乏，东北地区尤甚。特别是辽宁和吉林，人均水资源占有量仅为全国人均占有量的1/3，这两省人均水资源占有量少于黑龙江而成为我国最严重的缺水省份。近年来，随着三北地区经济的发展，工农业争水、城乡争水的矛盾日益加剧，农业上因缺水导致大面积减产甚至绝收的现象时有发生。随着人口的增加、城市化进程的加快和振兴东北老工业基地战略的实施，三北地区特别是辽宁和吉林水资源的供应形势将越来越严峻。开源节流，缓解该地区水资源的紧缺状况，已成为亟待解决的问题。

三北地区的水资源大约有70%用于农业。在农业

用水中，水稻又占65%以上。因此，在“开源”问题尚未解决之前，缓解该地区水资源紧张的状况最直接最有效的途径是减少水稻用水量。

减少水稻用水量，一靠缩减水稻种植面积，二靠减少单位面积灌水量。然而，由于人口的增加和国内外稻米市场对东北优质粳米需求的日益增长，已不许我们再缩减水稻种植面积，特别是辽宁省南部滨海盐碱地稻区，更无法实行大面积水改旱栽培。换言之，留给我们的唯一出路是利用有限的水资源，尽可能保住现有水稻种植面积，以生产出足够的稻谷来满足国内外稻米市场对优质粳米的需求。欲达到上述目的，一条可行的途径是通过培育节水型早熟超级稻品种，实行晚育晚插节水栽培，延后泡田移栽期，避开5月上中旬干旱枯水季，拉近移栽期与雨季的距离，实现农艺节水。

技术要求：一是品种选择，必须选用大穗型中早熟高产品种。因为与正常栽培相比，晚育晚插栽培水稻营养生长期会相对缩短，稻穗也会相应缩小。选用大穗型中早熟高产品种，容易确保穗粒数。二是适当增加播种量和插秧基本苗数，以确保单位面积有足够的收获穗数。一般播种量应控制在干种200克/平方米。三是前期适当重施肥，以促进早生快发。

第三节 不利条件下的水稻生产技术

一、盐碱地种稻技术

（一）盐碱地及其主要类型

我们通常所说的盐碱地一般是泛指盐土、碱土和盐碱土。

所谓盐土，是指土壤里含有很多能够溶解的盐分，如氯化钠、硫酸钠等，地表干燥时有一层盐霜，可溶性盐的含量达到足以妨碍大多数作物生长的土壤。其土壤饱和浸提液电导率>4 毫欧姆/厘米（25℃），碱化度<15%，pH 值<8. 5。

土壤中水溶性盐分含量少，而碳酸钠含量多，形成很强的碱性，影响作物生长，这种土叫做碱土（也称钠质土）。通常把碱化度>15% 的土壤称作碱土，而把碱化度为 5% ~15% 的土壤称为碱化土壤。

介于盐土和碱土之间的叫做盐碱土，一般常用它来泛指盐渍化土壤。其电导率<4 毫欧姆/厘米（25℃），碱化度<15%，pH 值<8. 5。

我国盐碱土分布的地区很广，自然条件复杂多样，盐碱来源很多。由于形成条件和形成过程不同，盐碱土的发生类型也丰富多彩。

从盐分的化学组成来说，有氯化物盐碱土、硫酸盐—氯化物或氯化物—硫酸盐盐渍土、苏打盐渍土、硫酸盐盐渍土和硝酸盐盐渍土等。

就现代积盐过程而论，有由于海水浸渍而形成的滨海盐渍土；有由于暴雨洪流淋洗露出含盐地层而带来盐分形成的洪积盐渍土；有由于地表积水和地下水的作用而发生积盐的沼泽盐渍土、草甸盐渍土以及普通盐渍土等。根据发生的地域又可分为滨海盐碱地和内陆盐碱地两大类。其中洪积盐渍土、沼泽盐渍土、草甸盐渍土以及普通盐渍土等均属内陆盐碱土。

（二）滨海盐碱地与内陆盐碱地的特点

滨海盐碱地主要分布在近海滩涂和河流三角洲，属氯化物盐渍土，具有以下特点：

（1）因受季风和海潮影响及成土过程的制约，土壤含盐量随离海的远近而呈规律性变化，距海越远，盐分越少，距海越近，盐分越多。

（2）地势低平，地下水位和矿化度高，承泄区受海潮影响，往往地下水出流不畅。

（3）地势低洼，排水承泄区易受海潮或洪水影响，完全排泄自流困难，需要建立防洪、防潮、机械排涝工程，才能免遭洪涝灾害。

（4）土壤瘠薄，有机质和磷的含量低，需要培肥改良才能进行作物生产。

内陆盐碱地多分布在低平原、河套、河漫滩、山间河流冲积扇等地，属硫酸盐盐渍土和苏打盐渍土，具有以下特点：

（1）土壤类型复杂，有的还呈复域存在。一般土壤结构性差，耕性不良，盐碱重，比滨海盐碱土区改良更困难。

（2）一般多处于地势低洼、地下水位较高、土壤黏重、透水性差、排水困难和种植旱作物收成很少的弃耕地或边远的盐碱荒原上。

（三）盐碱地对水稻栽培的不利影响

盐碱地对水稻的不利之处有以下三方面：

（1）盐水浓度大，吸水困难。盐碱土里含有过多的水溶性盐类，加大了土壤溶液的浓度，使水稻吸水困难，种子发芽和幼苗生长都受到影响。水稻生长在含有很多盐分的地里，吸收不到足够的水分，还要被盐水吸掉自身的水分，就会生长不好，甚至枯死。

（2）盐分对水稻有生理毒害作用。土壤含有较多盐分，水稻在吸收水分和养料的时期吸收大量盐类就会中毒，降低生活能力，抑制生长，推迟发育，甚至死亡。

（3）碱性强，有效养分少。水稻的正常生长发育一般要求土壤偏酸性。碱性过强，降低了土壤养分的有效性，妨碍土壤养分的正常转化，使水稻生长发育因吸收不到足够的养分而受到影响。同时，碱性过强易腐蚀根系，不适宜水稻生长。

盐碱地对水稻的有利之处：我国农业科技工作者根据多年盐碱地改良经验，总结出“盐随水来，盐随水去，水随气走，气走盐存”的水盐动态规律，成功地实现了盐碱地种稻的改良。

（1）盐碱地种稻既是土壤利用，又是土壤改良，即所谓寓改良于利用之中，因而越种越适宜于种稻。它与世界各国盐碱地要先改良后利用的做法是不同的。

（2）盐碱地种稻最要紧的是结合泡田来洗盐。因此，灌水要足，排水要好。稻田要保持一定的水层，这就能冲淡盐分，淋洗盐分下渗深处。要经常灌溉，在必要时先排去含盐分较高的水层，换进淡水。

(3) 盐碱地多是低洼地，排水较为困难。在盐碱地种植旱作物时，一定要特别讲究排水，把地下水降低到作物所需要的临界水位之下。而盐碱地种稻对地下水位的要求显然不像旱作物那样严格。

(4) 盐碱地多是瘠薄地，土壤又碱又板又薄，改良盐碱地主要靠有机肥。

(5) 盐碱地多地势平坦，比较荒凉，沟渠道路等可以统一规划。

(四) 盐碱地水稻栽培的特殊对策

盐碱地种稻的主要问题是土质盐、板、薄、瘠。根据这些特点，应采取的相应措施是：

(1) 搞好水利建设，兴修水闸，防止海水入侵；开沟排水，降低地下水位，降低稻田盐分；在种植水稻以前，必须平整土地和用淡水泡田洗盐，使0~20厘米土层内含盐量降到0.2%以下。通过上述措施，基本上可保证水稻的正常生长。

(2) 在盐的问题初步解决以后，还要解决板和薄的问题，尤其是沙壤土等保肥能力差、有机质贫乏、水稻生育后期容易脱肥的田块。同时，灌水种稻后，长期泡水，土壤容易打浆板结，插秧困难，返青慢，分蘖差。解决办法是用客土改良土质，并通过增施有机肥、秸秆还田等措施增加土壤有机质。

(3) 掌握田间排灌技术，是盐碱地种好水稻的重要环节。水稻秧苗期抗盐能力较弱，可用灌深水的办法防止盐害，灌水深度可在8厘米左右，以后可根据不同生育期调节水层深度。一般分蘖期水层可浅些，孕穗期深些。灌水压盐要做到勤灌勤换，防止水中盐分浓度提高。同时还可调节土壤的通气状况。一般可日灌夜排，即每天上午灌水，傍晚排水，以薄水层过夜，次日排干后再灌上深水，就能有效地控制盐害，促进稻苗生长。阴雨天可少灌或不灌，以利通气发根。

（五）不同水稻品种与盐碱地的适应关系

盐碱地首先应选用耐盐碱、耐干旱、高产优质、生育期适宜的品种。育苗移栽水稻的耐盐碱性的差异主要表现在育苗过程中秧苗素质和插秧返青速度及成活率方面。生育后期因多次灌水淋溶盐分和覆盖率增加，盐害表现并不明显。耐盐碱品种在旱育壮秧的情况下，插秧后3天便有3~4条白根长出，1周后产生新的分蘖，在pH值为8.5~9的情况下，基本能正常生长。

不耐盐碱的品种，插秧后叶色浅，从叶片尖端变成黄褐色，自下向上枯萎。盐碱害严重时叶片略呈红褐色或有赤枯斑点，根系生长受阻，不分蘖，死亡率可超过20%。鉴定水稻品种是否耐盐碱的方法有两种：一是在实验室将幼苗用不同盐分的溶液（常用氯化钠）进行培养，观察不同品种的成活情况；二是将不同品种种在盐碱地上，在生产实践中进行鉴定。

（六）盐碱地种稻的特殊技术要求

（1）盐碱地种稻要注意进行苗床地改良。苗床地的选择关系到能否培育出壮苗，也是育苗成败的关键。因此，应尽量选择在盐碱较轻、地下水位相对较低、排灌水良好、土壤肥沃的旱田地或菜园地。并要常年固定，连年培肥，当pH值超过7.5时，要进行客土改良，在秧床10~15厘米土层中加入山地腐植土、草炭土等。客土量约占育苗土层的30%，pH值达到8时，客土量要达到50%以上，pH值达到8.5时要全部换成客土，并最好在客土下面垫铺塑料膜，隔离地下盐分。无山地腐植土、草炭土的地方，可多施腐熟的农家肥或有机质，农家肥以偏酸性的草肥、猪粪为好。

（2）提倡秋施肥、秋翻地、秋做床。春天做床的要早翻地，并在翻地前施入充分腐熟的有机肥料。一般耕深10～15厘米，耙碎土块，清除根茬，整平床面，修好灌排水渠道。苗床规格为：小棚床宽1.2～1.3米，中棚床宽3.5～4米，床长15～20米。盐碱地宜做低位床而不宜做高位床，即床面低于地平面5～10厘米，以防止盐分向高处聚集，减少盐分对秧苗的危害，并且便于床面上水。

（3）苗床施肥应尽量选择偏酸性肥料。除每平方米施农家肥5～10千克外，一般每平方米还要施硫酸铵或硝酸铵40～60克、磷酸二铵80～100克。在有条件的地方最好再施入硫酸亚铁7～10克、硫酸锌5克，用于防止缺铁型黄化苗。将这些肥料反复均匀地混拌在15厘米土层中，混合不均会伤苗。

（4）盐碱地种稻要适时浇底墒水。施肥后整平床面，于播种前一天灌足底墒水，使床土水分达到充分饱和的状态。盐碱较重的秧田可连续多次灌水，进行洗盐排盐。灌水方法可采用流水畦灌，灌水后局部出现坑洼不平时用过筛的有机细土填平，以防调酸和消毒时产生药害。

（5）种稻床土要调酸。旱育苗最适土壤的pH值为4.5～5.5，但盐碱地难以调到最适程度并容易回升。因此，一般要求pH值大于7时进行调酸。每平方米用25～50克浓度98%的工业硫酸，稀释成200倍液，在播种前一天或当日用喷壶均匀地洒于床面，一般可使pH值下降1～1.5。也可使用调酸剂或硫黄粉调酸。硫黄粉效果优于硫酸，但必须在秋季做床时施入土中，春季做床的至少应在播前15天施入，施后保持土壤湿润，促使土壤中的硫黄菌将硫黄转化为硫酸。施用量为pH值大于7时每平方米苗床100～150克，施入后与土壤反复混合，防止产生药害。

（6）盐碱地种稻床要进行消毒。床土消毒主要是防治苗期立枯病。盐碱地旱育苗较易感染立枯病，故必须进行床土消毒。在苗床灌足底墒水并调酸以后，每平方米用2.5克敌克松稀释为600倍液，均匀地喷洒在苗床上。消毒后，床土含水量未达到饱和程度时，还要补洒一次清水，床面不平时，再用过筛细土填平坑洼，彻底整平床面，等待播种。

随着种稻科技水平的提高，现在已研究出很多水稻旱育苗床土调制剂和壮秧剂。直接用床土调制剂、壮秧剂育苗，基本上可以解决床土消毒和调酸的问题。

（7）盐碱地土壤含盐碱多，对水稻秧苗要求高，要求秧苗健壮，插后发根快，抗盐碱性强。盐碱地种稻壮秧的标准一般为苗高13～17厘米，叶龄4.5～5.5片叶，茎宽4毫米左右，茎组织坚实，短而壮，叶片清秀老健，植株富有弹性，叶片宽厚，叶间距短而匀，叶色浓而绿，根系粗壮，根毛多，无黑根。

（8）盐碱地种稻的主要障碍因素

①土壤pH值高，盐碱性强，有毒盐类多：有的盐碱土壤中，含盐种类多达12种，其中7种对作物有不同程度的危害。这些盐类在土壤溶液中有不同的溶解度，其形成的水溶性盐在根际含量如不超过万分之几到十万分之几，对水稻是无害的，而且还是水稻所需要的营养。但它的浓度超过水稻的耐盐极限时，则会产生危害。其中毒害最大的是苏打，一般含量超过0.005%即产生毒害。苏打碱性较强，pH值可达8～10，可溶性盐分多，妨碍稻株吸收水分，重者可形成反渗透使水分倒流，导致生理缺水，出现萎蔫现象。苏打碱土中的碳酸钠和碳酸氢钠有时转化为氢氧化钠，降低土壤养分的有效性，使水稻不能吸收，危害性更大。强碱性也可直接危害稻株，腐蚀破坏细胞组织，重者枯死。

②代换性钠含量高：苏打盐碱型水稻土在1米土层内碱化度（土壤代换性钠占阳离子交换量的百分比）多在10%～60%之间。碱化度越高，钙素变为无效状态的就越多。水稻吸钙不足，相反又

吸收了过多的钠会危害稻株。钠是强分散剂，能使土壤在淹水条件下高度分散，通透性变坏，阻碍根系的正常生长发育。因此，将碱化度降低到10%以下，改善苏打盐碱型水稻土的物理性状，是水稻高产的重要因素。

③土壤易内涝：盐碱地区多处在洼地，因此排水不畅，易产生涝害。涝害有两种形式：一是高地地表径流集中在低洼地，造成地表涝灾；二是由于地下水位高而造成土壤内涝。因此，不仅土温降低，还加重盐碱危害。盐碱和涝害的症状表现最明显的是新根及根端生长点的细胞先遭受破坏，而后遍及全根，使根系失去生机，植株生长缓慢，叶尖枯黄卷缩，基部叶片枯死，最后心叶枯死。

（9）盐碱地种稻整地时应注意的问题。一般稻田提倡秋翻地，盐碱地更需要秋翻。一是增加土壤的通透性，促进养分的转化；二是减少土壤表面水分的蒸发，减少表层返盐及次生盐渍化。翻起的土垡经冻融交替，利于春天碎土整地。翻地时最好施入农家肥或酸性速效肥，耕深以15～20厘米为宜。

春整地前有条件的地方应尽早灌水泡田，压碱洗盐。在缺少水源或盐碱危害轻的地块，可采用旱整地、水抹平的方式，以达到节约用水的目的。沙壤土在插秧前一天，壤土在插秧前2～3天，黏土在插秧前3～4天，用旋耕机或水耕整平田面。使用旋耕机整地的至少要2～3遍。水耙地更要多次，要耙成泥浆状，同时降低渗漏系数，节水增温。在此基础上采用节水灌溉法，干旱、盐碱地区全生育期用水量控制在每亩600～700立方米，每亩比常规管理方法节水200立方米。整

地后田面高差不超过5厘米，保持浅水层等待插秧。

（七）盐碱地种稻管理技术

（1）内陆盐碱地干旱地区空气干燥，水稻病虫害相对较少，倒伏程度也较轻，所以插秧密度可以比沿海地区大些。每公顷产量11250千克的稻田，一般每平方米栽插密度为25穴，75～100株基本苗。每公顷25万穴，基本苗数75万～100万株。15～16片叶的品种一般有效分蘖期为30天左右，最高总茎数达到900万左右，收获穗数为525万～600万。随着栽插密度的增加，总茎数和收获穗数虽有增加，但每穗粒数减少，产量一般很少增加，甚至会减少。

（2）盐碱地田间管理的要点是在建立良好的排灌渠系基础上，实行单排单灌，防止串灌，以利于洗盐压碱。同时采取增施农家肥、稻草还田、施入酸性肥料等综合管理措施，为水稻创造良好的生长环境。

（3）在选用高产品种和旱育壮秧、稀植早插的基础上，以合理的肥水运筹来达到预期的调控效果，是夺取水稻高产的关键。盐碱地的施肥宜采用“早促蘖、中壮苗、后攻粒”的原则。具体措施是早促早控，超前搁田，促早发分蘖，降低苗峰，提高成穗率、结实率和千粒重，达到稳产高产的目的。

盐碱地区水稻施肥量的确定，要考虑土壤肥力、土壤酸碱度、气候、品种、栽培技术等因素。根据各地生产实践经验，一般地力条件下，每公顷产量7500～9000千克，需氮（N）量110～150千克，需磷（$P_2 0_5$）量50～60千克，需钾（$K_2 0$）量25～30千克。底肥每公顷施农家肥50000千克，磷酸二铵100千克，氮肥（尿素）约100千克。蘖肥插秧后7～10天施尿素60～70千克，插秧后20～25天再施分蘖肥一次，施尿素40～50千克。穗肥抽穗前15～18天施尿素20～30千克。粒肥视后期长相而定，有脱肥现象者，可在破口或抽穗后施少量氮肥，一般以10～20千克为宜。

对盐碱较重的地块，每次追肥量不宜过多，以每公顷60千克为宜，超过100千克时易造成肥害。同时对稻田的施肥还要看天、看地、看苗，灵活掌握。

（4）合理灌溉是水稻高产的重要手段。盐碱地种稻水层管理：一是要满足水稻各生育阶段对水分的生理生态需求；二是要以水调肥、以水调气、以水调温，在盐碱地上还有以水压碱、以水洗盐的作用。在满足水稻生理需水的同时，既要合理地节约用水，又要避免土壤返盐。根据当地水源条件，不同生育时期要采用不同的措施。如河水灌溉田可利用夏季丰水期增加灌水量，集中洗盐排盐。枯水期尽量节水灌溉；井灌区和库水灌区则重点在插秧前后洗盐。各生育阶段具体措施如下：

①分蘖期灌水措施：分蘖期灌浅水3～4厘米，增温促蘖，防止干田返盐。盐碱较重的地块，此期要经常换新水，实行活水浅灌。分蘖末期，当田间茎数达到计划穗数的80%时，适时晒田。晒田不宜过重，过重后会返盐，裂缝大会增加渗漏、浪费水并降低土壤温度。晒田以表土硬而不裂为宜。需要重烤田的田块，可分两次进行。地下水位较高、排水不良的稻田，也可灌深水抑制无效分蘖。

②长穗期灌水措施：长穗期以浅灌或间歇灌水为主。此期叶片覆盖田面，蒸发量减少，可以间歇灌或湿润灌。一般6～7天灌水一次，以田间持水量不低于80%、表土不裂口为宜。抽穗前12～15天灌浅水3～5厘米，防止低温使花粉败育以及空秕率增加等。

③抽穗至灌浆结实期灌水措施：抽穗至灌浆结实期以浅水灌溉为主，乳熟至黄熟期以间歇灌溉为主，增加土壤的通透性，增强根系活力，确保活秆成熟。停水时间视土壤情况，一般在蜡熟末期停水。

二、严重缺水年份水稻生产技术

（一）严重缺水年份的水稻生产

北方缺水，经常影响水稻生产。为了在严重缺水年份也可获得一定的收成，可以采取以下几种栽培形式：

（1）水稻旱种是由于水资源紧张而采取的一种节水栽培技术，在水田里实行旱播种，苗期不建立水层，4～6叶以后逐步建立水层或保持湿润状态的一种栽培方法。其主要技术要点包括：

①选择适宜品种：旱种旱管水稻生育期会有所延迟，应选择当地中、早熟品种。

②抓好保苗措施，合理密植：一是精细整地，二是种子消毒，三是提高播种质量。一般亩播量10千克左右，行距25～30厘米，每亩收获穗数35万～45万株。

③防除杂草：采用人工和药剂防治相结合的方法防除杂草。

④必须适当灌水，合理施肥：在水稻分蘖始期、幼穗分化至乳熟末期，土壤水分不足时应及时灌溉，整个生育期灌溉3～5次，每亩用水量200立方米左右。

（2）水稻地膜覆盖湿润栽培技术是一种节水增温、除草减病、增产增收的新技术。其主要技术要点是选用优良品种、选择适宜地膜、培育带蘖壮秧、精细整地、全程配方施肥、适时早插和加强田间管理。

此外，还有水稻无水层栽培、稀播育大秧迟栽技术和晚播晚插栽培技术等。

（二）严重缺水年份的水稻品种优选

在严重缺水年适期播插的品种约2/3应选择分蘖力强、根系发达、株形紧凑、穗粒兼顾、抗逆性强、熟期适宜的优良品种适期栽插；剩余的1/3应选择温光反应不敏感的早熟、中早熟品种进行晚播晚插，以充分利用当地的水资源。

严重缺水条件下可利用早熟品种进行晚育晚插节水栽培，有效地利用天然降水，缓解灌溉水资源短缺的矛盾，促进水稻生产持续发展。但是，早熟品种晚育晚插，其生育期缩短，主茎容易提早进入幼穗分化，影响产量。那么，采取什么措施才能使产量不降低呢？一是选择温光反应不敏感、分蘖力强、保蘖力好、产量高、米质好的优良早熟品种；二是通过晚育适期早插，延长其营养生长期，增加营养物质积累的方法来提高产量，如在辽宁一般5月20日前后播种，6月10日左右插秧；三是合理密植，一般采用（20+30）厘米×13厘米较为适宜；四是加强肥水管理，促进生长发育，确保安全成熟。

（三）巧用前茬搞好水稻复种

在北方一季粳稻种植区，特别是辽南地区，本田插秧前的前茬闲置时间较长，造成了光、热、土地资源的巨大浪费。充分利用早熟品种晚育晚插的前茬空闲进行复种，一年两茬，可以大大提高耕地的复种指数，节约灌溉用水，并能错开春季用水高峰期，提高经济效益。复种的作物主要是地膜冬小麦、棚菜、西瓜和马铃薯。也可利用前茬空闲种一季绿肥作物，插秧前翻入土壤，培肥地力。

（四）严重干旱时的水稻保秧策略

在严重干旱的条件下，要保住秧苗不受危害，主要应采取以下措施：一是选择有水源的地方作为苗床，以确保严重干旱时能有一定的水资源供应；二是培养有机质含量丰富、土壤物理性状好、保水保肥的床土；三是选择耐旱性强的品种，稀播种培育带蘖壮秧。

三、水稻低温冷害和高温防御技术

（一）水稻低温冷害的类型及其对水稻的影响

（1）延迟型冷害是指水稻从播种到抽穗前各生育时期遇到较低温度的危害。主要表现为因低温延迟水稻生长发育、穗分化和抽穗日期显著延迟，或抽穗期虽未明显延迟，但灌浆结实期温度明显降低，以至于成熟不良造成减产。受害严重者直到收割期，穗部仍然直立，甚至颗粒无收。受害轻者穗上部谷粒饱满，中下部多为空秕粒，出米率低，青碎米多，米质差。如作为种子，则发芽势和发芽率明显低劣。尤其是种植晚熟品种，抽穗期延迟，更为重要的是造成减产。

（2）在水稻生殖生长期即颖花分化期到抽穗开花期间，遭受短时间异常的相对强低温，使花生理机制受到破坏，造成颖花不育，形成大量空壳而严重减产，称为障碍型冷害。根据低温危害的时期又分为孕穗期和抽穗开花期冷害。在孕穗期遇到低温而发生的障碍型冷害的特征是穗顶部不孕粒多，穗基部少，不育颖花都是空壳。抽穗开花期遇低温冷害会使颖壳不开，花药不裂，散不出花粉或花粉发芽率大幅度下降导致不育，造成严重的减产。

（3）由于延迟型和障碍型冷害的发生导致水稻对稻瘟病的抵抗力下降，从而出现稻瘟病和冷害同时发生的现象称为稻瘟病型冷害。其主要表现就是稻瘟病和不孕粒同时发生。当发生障碍型冷害时，低温除了直接影响水稻的生理变化外，还引起不孕粒的产生，导致水稻叶色变浓，叶片氮素含量增加，抗稻瘟病能力下降。延迟型冷害由于延迟了生育，在低温条件下水稻的抵抗力同时也下降，也易发生稻瘟病。

（4）混合型冷害是指延迟型冷害和障碍型冷害在同一年度发生。生育初期遇低温延迟生育和抽穗，在孕穗、抽穗、开花期又遇低温，造成不育，既有部分颖花不育，又延迟成熟，发生大量空秕籽粒的现象。

（二）水稻低温冷害的发生特点及其危害

（1）水稻一生中有四个时期最易发生冷害。一是芽期，此期的耐寒性直接影响水稻的成苗率；二是苗期，此期的耐寒性直接影响水稻根、茎、叶的生长和分蘖的多少及早晚、幼穗分化期的早晚、

抽穗期的早晚以及最终的产量，这是水稻延迟型冷害的关键期；三是孕穗期，此期是影响水稻结实率的关键时期；四是开花灌浆期，此期是直接影响水稻空秕率的关键时期。

（2）低温冷害对水稻生产的危害巨大。在北方，特别是东北稻区，水稻生长期短，气温低，从播种到秋季成熟各生育阶段，随时都可能遭受低温危害。1949 年以来，东北稻区水稻的产量由于受到冷害的影响一直很不稳定。据吉林省统计，在 1954 年、1957 年、1969 年、1972 年、1976 年和 1979 年，6 次全省范围内发生严重的低温冷害，水稻平均减产 31%。1988 年，延边地区由于冷害造成的水稻减产高达 65%。2002 年，黑龙江省东部三江平原遭受历史上 70 年未遇的混合型低温冷害，造成 80 万公顷水稻平均减产 40% 左右，严重的地块几乎绝产。2003 年，黑龙江省南部和西部稻区也遭受了低温冷害，减产幅度多在 30% 左右，严重的地块接近绝产。近年来普遍流传着一种说法，就是随着全球气温的升高，今后将进入暖期，冷害将不会成为问题。可是近年来东北稻区连续发生的延迟型和障碍型冷害的事实说明，东北稻区的冷害还会经常发生。未来的气候变化是难以预测的，因此，在现实生产中，应时刻确立低温年份也能够稳产的指导思想。

（3）水稻冷害在年际的发生具有一定的规律性。研究指出，水稻年成指数与 8 月份平均气温及 8 月份积温的相关性很大。8 月份平均气温在 20℃ 以下，积温在 600℃ 以下时，年成指数多在 80 以下。分析地处东北稻区中心的长春市 5 ~ 9 月份积温年际变化的结果（1909 ~ 1941 年和 1949 ~ 1983 年，共 68 年的资料），以 5 ~ 9 月份积温比历年平均低 50℃ 为冷害指标，68 年中有 18 年为冷害年，占 26.5%，约 4 年一遇；以 5 ~ 9 月份积温比历年平均低 100℃ 为严重冷害指标，68 年中有 10 年为冷害年，占 14.7%，大体为 7 年一遇。统计表明，东北地区 1949 年以来冷害较重年集中在 1951 ~ 1960 年和 1968 ~ 1977 年这两段时间，东北稻区冷害频率大约每 4 年一遇。而较大范围的低温冷害则大约 6 年一遇。在东北三省中，黑龙江省冷害出现的频率最大，辽宁省最小。进入21世纪以来，冷害频繁发生，连续2年发生了不同程度的低温冷害。这暗示着可能又进入了一个低温冷害的高发生阶段。

（4）东北稻区低温冷害发生的规律性。水稻冷害的类型主要有三种：一是延迟型冷害，二是障碍型冷害，三是两种冷害类型在同一年份发生的混合型冷害。东北稻区在过去50年中发生的主要是延迟型冷害，对水稻生产的危害较重。近些年来，随着栽培技术水平的提高，防御延迟型冷害的能力也大幅度提高。但是近年随着气候的改变，特别是7、8月份常常出现阶段性低温，障碍型冷害成为今后相当一段时间内的主要冷害类型，这也是今后生产上应特别关注的问题。

（三）水稻空粒空壳现象产生的主要原因

（1）水稻空粒的产生。水稻在正常条件下都可开花结实。如果开花后不结实形成空粒，那主要是由不受精所致。其原因一是生殖器官发育不全，较多的花粉发育不正常；二是由于外界条件不良，影响开花受精，或受精后子房停止伸长。所以空粒可分为两种：未受精空粒和受精空粒。两者可用碘—碘化钾染色法区分，不染色者为受精空粒。空粒产生的原因主要是花粉母细胞减数分裂期受低温危害，使雄性不育和开花期遇低温危害而影响受精。水稻花粉母细胞减数分裂期受低温冷害除低温强度和持续时间长短的影响外，还因品种和栽培条件的不同而有差异。出现不育的临界温度，耐冷性强的品种是15～17℃，耐冷性弱的品种是17～19℃。此外，高温、多湿、大风雨、氮肥偏多等也能增加空粒。

（2）抽穗开花期的空粒现象。水稻在开花期遇到低温造成大量空壳，影响水稻的安全齐穗和产量。水稻在开花授粉期的最适温度为30～32℃，最低温度为15℃。如果平均气温低于20℃，日最高气温低于23℃，开花就会减少，或虽开花但不授粉，形成空壳。水分对抽穗开花影响也很大，一般空气相对湿度在70%～80%对抽穗开花最为适宜，如低于50%，花药就会干枯，花丝不能伸长，甚至穗子也不能抽出来。但湿度过大，花药不能开裂，也会形成空壳。开花期遇到阴雨连绵的天气，空气湿度接近100%，则花丝不伸长，花药不开裂，花粉黏性大，就会出现大量的空壳，甚至还会发生褐变粒等病害。

（3）秧苗晚分蘖导致的空粒现象。影响水稻分蘖发生的因素很多，概括起来可分为内因和外因两个方面。内因主要包括品种的分蘖特性、秧苗素质即秧龄大小、干重多少、充实度高低及含氮水平等。外因主要是指温度、光照、水分、栽插深度及营养条件等。一般来说，温度高、光照强、养分足、插的浅，则分蘖节位低，分蘖发生早而多，穗大粒多；否则，分蘖发生时间会延迟，分蘖节位较高，秆细穗小。但是在生产上除了内因、水分、栽插深度和营养条件外，主要是受温度的影响，特别是受低温寡照的影响更大。在北方稻区，分蘖迟迟不发的主要原因是受低温的影响。此外，光照也是影响分蘖的主要原因之一。在水稻分蘖期间如阴雨寡照，则分蘖迟发，分蘖数减少。光照强度越低，对分蘖的抑制越严重，光照低至自然光强的5%时，分蘖停止发生。

（4）低温年施肥量不当产生的空粒现象。栽培条件与耐冷性关系很大。过多地施氮肥，植株生长繁茂，孕穗期叶片含氮量过高，组织细嫩，抗御低温冷害能力就

会下降。一旦遇到低温，就会增加不育率，而使空粒增多。因此，在低温年份，施肥量大的地块水稻的不育率明显比施肥量少的地块高。

（5）低温年水层深浅不当产生的空粒现象。在水稻遇到障碍型冷害时，正处于花粉母细胞减数分裂期，此时水稻幼穗所处的位置一般距地表 15 厘米。水深的地块，特别是水深超过 20 厘米时，起到了深水护胎的作用，从而避免了水稻障碍型冷害的发生，因此空壳较少。而水浅的地块，由于幼穗裸露在地表上，没有水层的保护，因此空壳就较多。

（6）水稻品种特性导致的空粒现象。水稻的耐寒性品种间差异很大：有的品种苗期耐寒性强，有的品种孕穗期耐寒性强，有的品种抽穗开花期耐寒性强，有的品种灌浆结实期耐寒性强，有的品种同时几个时期耐寒性强。水稻品种苗期生长势强，说明该品种苗期耐寒性强，但是抽穗后空壳又特别多，说明该品种孕穗期和抽穗开花期的耐寒性弱。这样的品种在花粉母细胞减数分裂期一旦遇到低于 17℃的气温，就会发生空壳现象。

（7）水稻非正常成熟导致的空粒现象。水稻品种在一定的适宜区内正常年份均可安全成熟。为什么有的年份却不能正常成熟呢？一是越区种植，种植的品种所要求的积温超过本地区常年积温，造成品种贪青，不能正常成熟。二是遇到了延迟型冷害，特别是生育前期遇到低温，水稻迟迟不分蘖，幼穗分化期和抽穗期明显延迟；抽穗灌浆期遇到低温，空秕粒增加，千粒重下降，不能正常成熟，导致产量降低。三是种植的品种是积温“满贯”品种，在正常栽培条件下可以安全成熟，但是由于施肥量大，造成药害导致贪青晚熟而不能正常成熟。

（8）水稻收获时空粒现象的产生。水稻秕粒是开花受精后，在籽粒形成过程中停止发育的半实粒，一般在 5% 左右，严重时可达

30%。造成水稻秕粒的原因是养料供应不足，但其根本并不在于养料不足，而是气象因素和栽培因素造成有养料供应不上。在气象条件方面，温度是重要的原因之一。水稻灌浆最适宜的温度为25～30℃，低于这个温度，灌浆就变慢，每降低1℃成熟过程就会推迟0.5～1天。日平均温度下降到13℃以下，就不可能灌浆，籽粒就不能充实，就会形成秕粒或青粒。此外，在开花结实期阴雨连绵或大风造成倒伏等，对同化物的制造和运输有明显影响，也会造成大量的秕粒和青粒。在栽培方面，如密度过大、封行过早、氮肥偏多、根叶早衰、病虫为害等，也都有可能降低光合能力，使秕粒、青粒增多。

四、水稻冷害的及时诊断

水稻冷害的发生对大米品质的影响较大，特别是延迟型冷害的发生导致秕粒增多，千粒重下降，成熟度差，都会严重地影响大米的外观品质、碾米品质和食味品质。具体表现为：糙米率、精米率和整精米率均降低，垩白米率提高，垩白度加大，透明度差，直链淀粉含量高，蛋白质含量高，食味差。水稻冷害是受气温影响还是受水温影响，主要看冷害的发生时期。一般来讲，如果是在苗期发生低温冷害，主要是受水温影响大。因为水稻生育前期是营养生长期，气温高，水温随之也可提高，气温降低，水层尚有调温的作用。孕穗期水温和气温同等重要，水温、气温低，都可造成不孕粒的发生。抽穗开花期气温比水温重要，因为此时穗已完全从剑叶抽出，花粉已完全暴露在大气中，因此气温低容易造成低温危害。

水稻耐寒性品种间的差异很大，因此，在同等条件下，耐寒性强弱关键取决于品种的耐寒性。水稻低温发芽性品种间差异也较大。试验结果表明，高纬度早熟品种低温发芽性高于低纬度晚熟品种，陆稻高于水稻，农家品种高于改良品种，糯稻高于粳稻，粳稻高于籼稻。所以，北方特别是寒冷稻区宜选择苗期、孕穗期和抽穗开化期耐寒性强的品种。

（一）苗期和分蘖期冷害诊断

苗期与分蘖期低温冷害主要表现为延迟型冷害、生育拖后。该期可参考临界温度来进行诊断，通常苗期的临界下限温度为日平均13℃，分蘖期的临界下限温度为日平均16～18℃。如果该时段内达不到上述指标要求，可认为是发生了冷害。

（二）营养生长期冷害的综合诊断技术

营养生长期（播种至幼穗分化始期）遇低温将发生延迟型冷害。研究结果表明，该期的平均温度与抽穗期的迟早关系密切，可用以诊断延迟型冷害的程度。其中6月份的温度指标与抽穗期有如下的关系：

$y=83.54-0.117\sum t$（$r=-0.734$，$a=0.01$）

$y=126.4-0.343T$（$r=-0.787$，$a=0.01$）

$y=127.2-5.14Tm$（$r=-0.718$，$a=0.01$）

式中r代表相关系数，$\sum t$代表6月份≥13℃的有效积温，T代表6月份平均气温，Tm代表6月份平均最低气温。由此可见，6月份有效积温每减少10℃，抽穗期会相应延迟1.2天；平均气温每降低1℃，抽穗期延迟3.4天；平均最低气温降低1℃，抽穗期延迟5.1天。

（三）障碍型冷害敏感期的综合诊断

水稻障碍型冷害的最大敏感期，通常是在花粉母细胞减数分裂期。准确掌握这一时期，对诊断和防御冷害都有重要的意义。生产上比较适用的办法是以叶耳间距为指标来判断这一时期。一般认为剑叶与下一叶的叶耳间距为-13～+5厘米时，为花粉母细胞减数分裂期。

（四）延迟型冷害的防止

（1）选用耐冷害性强的早熟、优质、稳产的水稻品种。这是预防延迟型冷害的关键。标准是芽期和苗期有较强的耐冷性，在低温条件下发芽性能强，田间成苗率高，能早生快发，并能保证一定的分蘖数；抽穗开花后灌浆成熟快，结实率高。实行计划栽培，培育壮秧，采用保护性栽培技术，确定安全齐穗期。

（2）提高水温和地温。水稻生育前期主要是受水温的影响，生育中期受水温和气温的共同影响，生育后期主要受气温的影响。试验证明，设晒水池、加宽和延长水路、加宽垫高进水口及采用回灌等措施，均可使白天田间水温和地温升高，对促进水稻前期的生长发育有良好的效果。

（3）增施磷肥，控制氮肥的施用量。磷能提高水稻体内可溶性糖的含量，从而提高水稻的抗寒能力，同时磷还有促进早熟的作用。因此，磷肥应作基肥一次施入到根系密集的土层中，便于水稻吸收，并可防御低温冷害。

在冷害年份，通常应将氮肥总量减少20%～30%。研究结果表明，在寒冷稻区的冷害年，切忌在水稻二次枝梗分化期施用氮肥。因为在寒冷稻区水稻幼穗分化始期处于最高分蘖期之前施用氮肥，会增加后期分蘖，延迟生长发育，使抽穗开花期延迟且参差不齐，降低结实率和千粒重从而造成减产。

（五）水稻障碍型冷害的防治措施

（1）选用耐障碍型冷害性强的早熟、优质、稳产的水稻品种，实行计划栽培，确定安全齐穗期。计划栽培就是按当地的热量条件选定栽培品种，并根据品种全生育期所需积温合理安排安全播种期、安全抽穗期和安全成熟期等适宜时期，使水稻生长发育的各个阶段，均能在充分利用本地热量资源的条件下完成。水稻花粉母细胞减数分裂期后的小孢子形成初期，对低温极为敏感，必须保证气温稳定在17℃以上。另外，为了给水稻的成熟留有充足的时间（为40~45天），就必须限定一个安全的齐穗期。

（2）在减数分裂期灌深水护胎。防御障碍型冷害造成的水稻不育，当前唯一有效的办法是在障碍型冷害敏感期进行深水灌溉。冷害危险期幼穗所处位置一般距地表15厘米，灌深水15~20厘米基本可防御障碍型冷害。

（3）控制氮肥的施用量。低温年少施氮肥可以减轻冷害，高温年增施氮肥可以获得增产。因此，要根据气象条件决定施肥量的多少。

（六）水稻耐寒品种的选择

水稻直播的主要问题是保苗。要想一次播种保全苗，就必须提高成苗率。而提高成苗率的主要措施除了整地质量和种子质量外，关键是要选用芽期和苗期耐寒性强的水稻品种，才能确保一次播种保全苗。

水稻插秧栽培苗期采用保温栽培技术，所以与芽期和苗期的耐寒性强弱关系不大。3 叶期以后才移栽到大田，因此，插秧栽培选用的耐寒水稻品种的关键是分蘖期、孕穗期和开花灌浆期的耐寒性要强。

喷施叶面肥等可以较快地被水稻茎叶吸收利用，及时矫正缺素症状，促进水稻生长发育，加快水稻生育进程，在水稻需肥而又供应不足时见效较快，同时可以避免养分被土壤固定及“脱氮”等损失。在水稻齐穗至灌浆期进行叶面施肥，能延长生育后期功能叶片的成活率，加速籽粒的灌浆速度，减少空秕率，提高千粒重，因而对预防延迟型冷害有一定的作用。

五、水稻的高温危害

水稻虽然是喜温作物，但是在各个生育时期超过生长发育的最适温度，水稻也会受害。水稻发芽的最适温度是 28～32℃，当超过 44℃时就会把芽烧死；在育苗期间，当水稻长到 2.5 叶期时，温度超过 25℃且连续 2 天以上插到本田后，早熟品种就会出现早穗现象。在水稻抽穗开花期如遇到 40℃以上的高温，花粉就会干枯，造成空壳。

（一）光照不足对水稻生长的不利影响

水稻是短日照作物，长期寡照会缩短营养生长期，缩短生育期，降低产量。不同时期的寡照，对水稻生长发育的影响也不相同。苗期如果光照不足，秧苗容易徒长；在水稻分蘖期间如阴雨寡照，则分蘖迟发，分蘖数减少，光照强度越低，对分蘖的抑制越严重。光强低至自然光强的 5% 时，分蘖停止发生；如在幼穗分化期间光照减弱，水稻生殖细胞将不能形成或延迟形成；颖花分化期光照不足，则颖花数减少；减数分裂期和花粉充实期光照不足，会引起颖花退化、不孕花增多。

为了减少寡照对水稻的影响，首先要培育壮秧；其次是建立一个合理的群体结构，保证通风透光，充分利用光能；三是合理运用肥水，保证水稻正常生长发育所需的养分和水分。

（二）水稻热害的发生及其防治

（1）了解水稻热害的发生原因。水稻受热害的主要时期是育苗期、抽穗开花期和灌浆期。苗期受35℃以上的高温热害，主要症状表现是由于受高温的烧烤，轻者叶尖像水渍状，重者叶尖全部变白；抽穗开花期受35℃以上的高温，花粉粒内的淀粉积累不足或不积累，花粉的生活力减弱甚至死亡，花药不易开裂，散粉力差，授粉不良，空粒增加；而灌浆期的高温危害主要会造成秕粒增加，粒重减轻。

（2）合理防治水稻热害。水稻苗期特别是在采用保温栽培技术的条件下，为了防止高温热害的发生，一定要严格按照育苗的技术操作规程操作，及时通风炼苗，防止烧苗。对于抽穗开花期和灌浆期的高温热害，一是从品种熟期上进行调整，使水稻的抽穗期避过高温危害期。二是在出现高温时采用灌深水及日灌夜排等降温措施。有喷灌条件的，也可以在高温出现时进行喷灌。三是喷施一些对水稻叶绿素有保护作用的物质，如维生素 C、生长素等，对减轻高温的危害也有一定的作用。

六、旱、涝和风灾防御技术

（一）水稻生长的干旱敏感期

在水稻各生育期中，最易受旱害的是孕穗期和抽穗开花期。其次是灌浆期和幼穗形成期。插秧后幼苗返青期抗旱能力弱，水分不足就不能返青从而枯死。水稻孕穗期受旱减产可达47%，抽穗期受旱减产14%～33%，灌浆期受旱严重且连续14天以上时，也可减产23%左右。当土壤含水量为田间持水量的70%～80%时，对水稻秧苗的生育影响不大；持水量降到60%以下时，生育就会受影响，产量会降低；降到40%以下时，叶片的水孔就会停止吐水，产量就会剧减；降到30%时，叶片就开始萎蔫；如果再降到20%，稻叶整片向内卷缩成针状，并从叶尖开始干枯。

（二）过度灌溉的危害

水稻植株虽有较发达的通气组织，有一定的耐淹能力，但是长时间淹水对水稻也是不利的。在水稻的不同生育期，只要淹水4天，产量就会受到不同程度的损失。如开花期会减产64%，孕穗期减产78%，分蘖末期到拔节盛期减产20%，移栽后2周减产11%，移栽后1周减产7%。

（三）水稻的耐水度

水稻是半水生沼泽作物，体内有发达的通气组织。空气中的氧气和光合作用产生的氧气，可通过通气组织进入根部。因此，它与旱田作物不同，能在淹水条件下生长。但除浮稻和深水稻外，它又不同于长期淹水的水生植物。普通水稻品种只能耐淹4～5天，多数水稻品种被水淹7天就会死亡。

水稻能在淹水条件下生长，也与水稻根的解剖结构与生理功能有关，即水稻具有较强的氧化能力以及适应低氧环境的代谢途径和酶系统。

从解剖结构上看，稻根的外皮与旱作物不同，有着高度木质化的结构，以阻止土壤中的还原性物质侵入根内细胞。另外，稻根的皮层细胞与茎的皮层细胞一样，大量崩溃成细胞间隙，并与地上部器官的通气组织相连，接收从地上部运送来的氧气。而且稻根的皮层细胞呈柱状排列，更有利于氧气向根部的输送。

从生理上看，水稻的根系具有很强的氧化能力。水稻根系不仅能从地上部接收氧气，还可以通过乙醛酸氧化途径，将氧变成强氧化剂——过氧化氢，并在过氧化氢酶的作用下放出新生态氧，增强氧化能力。稻根通过泌氧，使周围形成较大的根际氧化圈，抵制还原物质的侵害，维持根系的正常生理功能。同时，水稻体内具有一套很强的无氧呼吸系统，适于在低氧环境条件下进行呼吸代谢。由于水稻根系具有上述结构与生理特点，因而能在淹水条件下生长。

（四）水稻涝灾的防治

修建防涝水利工程是防止涝害发生的根本措施。如果发生了涝害，应及时排水抢救，争取顶部及早露出水面，防止窒息而死。及时清洗沾在茎叶上的污泥，以减轻机械损伤，保证叶片的光合作用，以便及早恢复正常生长。适当追施叶面肥，以促进生长及增强水稻的抵抗能力。由于叶片损伤，伤口极易感染，抵抗病菌的能力也下降，因此，应及时做好防病工作。

（五）水稻涝害的发生及其表现

水稻虽然是耐涝作物，但是淹水深度也不能超过穗部，而且淹水时间越长危害也越重。在生育期中，以幼穗形成期到孕穗中期受涝，危害最重，其次是开花期，其他生育时期一般受影响较轻。孕穗期是花粉母细胞及胚囊母细胞减数分裂的时候，是水稻一生中对环境条件最敏感的时期。此时期淹水，可使小穗不生长，生殖细胞不能形成，或花粉的发育受阻，出现烂穗或畸形穗。未死亡的幼穗颖花与枝梗也严重退化，可能会抽白穗，甚至只有穗轴，而无小穗。即使能抽穗，成熟期也会推迟 5 ~ 15 天，每穗的粒数减少，空秕粒增多。

（六）风灾的危害

大风可使水稻倒伏、落粒、茎秆折断及叶片擦伤，还会间接地引起病菌侵入和蔓延。如白叶枯病和稻瘟病的病菌就很容易从茎叶伤口侵入，加重病害的发生。风害程度与风力大小、持续时间、水稻品种的抗风能力及生育时期都有密切关系。在大风危害时，高秆品种比矮秆品种受害重；抽穗开花期、灌浆成熟期比幼苗期、分蘖期受害重。

水稻在抽穗前受风的影响比较小，主要是叶片擦伤，叶尖产生纵裂，最后呈灰白色干枯，病健部分界限混杂不清，但病部不会扩展。如果大风吹断剑叶就会影响抽穗。抽穗开花期与灌浆乳熟期最忌大风，风害会使水稻开花授粉不正常，结实不良，秕谷增多。而且谷粒受风损伤，常常发生黑色的斑点，严重时还会出现白穗。抽穗期如果遇风发生倒伏，减产将更严重。成熟期遇大风，稻秆倒伏，造成落粒、谷粒发芽、霉烂等现象，既损失产量，又会降低品质。

（七）预防风灾

兴修农田水利，种植防风林是防止风害的有效措施。此外，选用植株矮、茎秆强韧、株型紧凑、不易倒伏及不易落粒的水稻品种，加强田间管理，提高水稻的抗倒能力，也有利于抗御风灾。栽培上重视磷、钾肥的施用，不要偏施和晚施氮肥，并且做好晒田、烤田工作，以增强水稻的抗倒能力。

第五章

水稻良种选育技术

第一节 水稻良种及其影响因素

一、优良水稻品种

优良水稻品种是人类在生产实践中采用一定的育种手段，经过选择、培育和繁殖而成的栽培水稻群体。同一群体内的个体的生物学特征和性状整齐一致，具有高产、优质、抗病和适应性好的特点。

优质米是指采用优质品种种植生产的优质稻谷为原料加工精制的、质量符合国家相应质量卫生标准的大米。简单概括就是没有污染的、好看又好吃的大米。

由于水稻的用途比较单一，85% 直接用于食用，因此优质大米最重要的要求是食味好。在国际和国内市场，不同食味品质的稻米的商品差价较大。优质食味粳米一般具有以下特点：米饭外观透明有光泽，粒形完整；无异味，具有米饭的特殊香味；咀嚼饭粒有软、滑、黏及弹力感，咀嚼不变味，有微弱甜味。

稻米品质是一个综合性状，包括加工品质、外观品质、蒸煮和食用品质、营养品质和卫生品质。加工品质又称碾米品质，主要包括糙米率、精米率和整精米率。外观品质包括粒形、透明度、垩白粒率、垩白大小、垩白度等。蒸煮和食用品质包括糊化温度、直链淀粉含量、胶稠度和米饭食味。营养品质主要包括蛋白质含量、氨基酸组成和矿物质含量。卫生品质主要包括农药残留、重金属和化学肥料的污染程度，不属于稻谷品种评价指标。

整精米率是碾米品质中最重要的指标，农业部食用稻品种品质标准（NY/T593）规定粳稻谷一、二、三、四、五级整精米率分别为≥72.0%、≥69.0%、≥66.0%、≥63.0%、≥60.0%。国家优质稻谷标准（GB17891）规定粳稻谷一、二、三级的整精米率分别为≥66.0%、≥64.0%和≥62.0%。

粒形和垩白度是外观品质中的主要指标，农业部食用稻品种品质标准（NY/T593）规定粳稻谷垩白度一、二、三、四、五级分别为≤1.0%、≤3.0%、≤5.0%、≤10.0%、≤15.0%，国家优质稻谷标准（GB17891）规定粳稻谷一、二、三级的垩白度分别为≤1%、≤3%、≤5%。粒形属于稻米分类指标，不是分级指标，因此没有规定。

糊化温度、直链淀粉含量、胶稠度等理化指标是间接评定稻米食味的指标，由于北方粳稻这些理化指标差异较小，因此对食味的区分比较困难。目前，米饭感官食味品尝是判断食味好坏最有效的方法。国家优质稻谷标准（GB17891）规定粳稻谷一、二、三级的食味评分分别为90分、80分和70分。

原产地域保护大米产品，就是在特定的地域内，用特定地域的原材料，按照传统工艺进行生产，它的质量特色或者声誉主要取决于其产地的地理特征。这种产品要依照规定经审核批准，才能以原

产地域名称命名。如黑龙江的五常大米和辽宁的盘锦大米，都是国家质量监督行政主管部门根据“原产地域产品保护规定”批准保护的大米产品。

五常大米由于产地的土壤类型以沙壤土为主，灌溉水质好，雨热同季，日照充足，生长季节平均气温在18～22℃，平均昼夜温差13℃，主栽品种是当地培育的五优稻系列和松粳系列优质品种，米饭口感绵软略黏、香甜、饭粒表面有油光，冷后仍保持良好口感，受到广大消费者的称赞。

盘锦大米因产地位于东北松辽平原南端，水稻生长季节热量资源丰富，雨热同季，日照充足，在水稻抽穗至成熟期内，平均气温在20℃以上，灌溉水以太子河上游水库和地下水为水源。本区域属退海冲积平原，土壤类型是滨海盐型水稻土，耕层土壤为弱碱性盐碱地，pH值为8.0～9.1，全盐含量1.0～6.0克/千克，镁、钾等元素含量高。主栽品种是当地培育的辽盐系列优质粳稻品种，这些都是产生好吃大米的重要条件。该区域大米具有固有的自然清香味。

国际知名品牌优质稻米均是由最佳产地的优质稻品种生产加工出来的，优质水稻品种种植在最佳生态适应区域或最佳产地是提高大米食味、创造原产地域品牌的重要标志。可见用品种和产地可以简单地标识优质稻米的身份。

绿色食品大米是遵循可持续发展的原则，按照特定的生产方式生产，经专门机构认定，许可使用绿色食品商标标志的无污染、安全、优质的大米。根据其认证要求，分为A级和从级。优良品种的选育是根据育种目标，应用不同的育种方法如系统育种、杂交育种、辐射育种等创造变异，在变异群体中选择符合育种目标的植株，经过连续多年的培育，选育出稳定的优良品系。再通过品比试验、国家或省级区域试验和生产试验，经过反复与生产上应用的品种对照比较，证明比已经应用的品种在某些特性上更有推广价值，经各级品种审定委员会审定命名，最终成为生产上推广应用的优良新品种。

二、稻米品质提升

（一）水稻品质的影响因素

水稻从栽培到消费食用要经过生产、收获、干燥、贮藏、加工等环节，每个环节都会对米质产生影响。稻米品质是在品种遗传特性和环境因素的共同作用下，通过籽粒灌浆充实过程中复杂的生理代谢变化而形成的。因此，不同品种、不同年份、不同地点的稻米品质变化较大。

影响稻米品质的最主要因素是品种遗传特性，同时地域环境和栽培技术、收获加工质量等的影响也较大。影响稻米品质

的主要环境和栽培因素有：气象生态（温度、光照）、土壤质地肥力、灌溉水质和农艺措施等。气候因素中温度的影响最大，其次是肥料、水分。

灌浆结实期气象生态因子对稻米品质的影响，主要反映在温度和光照方面。在水稻灌浆结实期，温度对整精米率的贡献率约占88%，光照约占7%。北方粳稻灌浆结实期的最适宜温度为21.5～26℃，温度过高或过低均不利于良好的碾米品质、外观品质和食味品质的形成。较大的温度日差和适中的相对湿度（75%～90%）有利于碾米品质的提高。因此，北方粳稻采取早育秧、育壮秧、浅水增温、科学灌溉和适时收获等技术可以提高米质。

土壤类型不同，米质也有差异，一般排水良好的沙壤土、盐碱地生产的粳稻的食味明显好于泥炭土、草炭土生产的粳稻。草炭土有机质含量过高，土壤透气性差，生产的稻米食味差。

天然无污染灌溉用地表水种植的粳稻，米质明显优于井水灌溉种植的米质，因为江、河、湖和水库来源的灌溉水，温度高、矿物质元素含量丰富、含氧量高，有利于北方粳稻的生长发育；而井水灌溉时必须采取增温措施。水层管理做到幼穗分化期、抽穗期和灌浆期浅水灌溉。

灌浆成熟期做到干湿适宜，黄熟期排水晒田，促进成熟。收割时做到田间无水。

施肥对粳稻的整精米率、垩白率、蛋白质含量和食味等有很大影响。运用平衡施肥技术控制氮肥、磷肥、钾肥的比例和穗肥、粒肥的施用。生产优质食味稻米的关键在于掌握适合当地气候及土壤条件的氮素施用量，而且通过生育期间的氮素诊断，适当控制开花期、乳熟期的氮素吸收。

（二）提高稻米品质的方法

除品种本身的遗传特性外，栽培条件对稻米的品质也有很大影响，改善栽培条件是提高稻米品质的重要措施之一。在优质稻生产上，重点应抓好以下几个环节：

（1）培肥地力，科学施肥。优质米高产栽培必须注意保持土壤较高的有机质含量和土壤养分平衡。一般土壤耕层有机质的含量要达到1.5%以上，每亩施有机肥3立方米以上，作为底肥一次性施入。连续施用有机肥，对改良土壤、增加有机质含量、保持土壤养分平衡和保证后期养分供给有重要作用。在化肥的使用上，要把握两点，一是要做到平衡施肥，注意化肥品种和数量的合理搭配，二是要适当增加基肥的使用数量，确保基肥使用数量达到40%以上。同时，要控制后期氮肥的使用数量。

（2）适时早插，合理稀植。通过适时早插促进早生快发，争取低位分蘖，提高分蘖成穗率，确保水稻早抽穗和安全成熟。这对于提高籽粒的饱满度和稻米品质都是有利的。此外，通过合理稀植，建立合理的群体结构，实现小群体、壮个体，保证水稻植株生长的健壮。这样不仅可以有效地防止倒伏，减轻纹枯病的发生，同时也有利于形成大穗。

（3）改善灌溉条件，科学管水。生产优质稻米，用污水灌溉是绝对禁止的。因此，应加强水资源管理，尽可能改善灌区流域内的环境条件，消除工业“三废”和生活垃圾对水资源的污染。

（三）优质水稻的生产技术

以一家一户为主体的小规模传统水稻生产模式，应用的水稻品种多样且不稳定，栽培条件与栽培技术也不规范，农户与农户之间生产的稻谷多种多样，参差不齐，品质很难保证，市场竞争力差，不符合国内外市场的需要。因此，要提高稻米的市场竞争力，必须走稻米产业化经营的发展道路。而实现稻米产业化的前提是规模化生产。

适度规模化种植：一来可以确保稻谷质量，提高稻米的商品质量；二来可以降低生产成本，提高稻米的市场竞争力；三来便于先进技术的应用，实现标准化生产。

另外，随着人们生活水平的提高，除了吃饱以外，人们越来越关注营养品质和安全卫生，国家也相应出台了一系列与优质稻米生产和加工有关的质量标准。要达到优质稻米质量标准的要求，必须实行标准化栽培，严格控制生产过程中的每一个环节，才能生产出符合质量标准的水稻。因此，优质水稻生产提倡规模化种植和标准化栽培。

第二节 杂交稻品种的选育与保纯

一、两系法杂交稻

两系法杂种优势利用只需两个育种材料，即光温敏核不育系和恢复系，不用保持系。光温敏核不育系在低温或短日照条件下可以自交结实，繁殖种子；在高温或长日照条件下则表现为不育，可以用来与恢复系制种，生产杂交种子。由于光温敏核不育系能一系两用，与三系法相比两系法就少了一个繁殖环节。更为有利的是，光温敏核不育系由简单核基因控制，理论上讲，任何优良的育种材料都可以培育成光温敏核不育系；而且水稻种质资源中，98%以上的育种材料都可用作两系法中的恢复系，这就大大提高了选配杂交稻组合的自由度，从而也就大大增加了选育优良杂交稻组合的几率。

二、三系法杂交稻

三系法杂交稻需三个育种材料，即雄性不育系（A），雄性不育保持系（B）和雄性不育恢复系（C）。生产上应用的杂交稻，是由雄性不育系与雄性不育恢复系杂交产生的子代，这种子代就像马和驴杂交所产生的骡子一样，具有很强的杂种优势。但是雄性不育系本身不能产生种子，要使其得以繁衍，必须借助雄性不育保持系。雄性不育系与雄性不育保持系杂交，其子代仍然是不育的，可以继续用于生产杂交种子。目前北方生产上应用的杂交稻，基本上都是三系法杂交稻。

三、杂交稻制种技术

用恢复系作父本和不育系杂交，生产杂交种子的过程，叫做杂交水稻制种。杂交水稻制种的主要技术环节包括：

（1）选好本田。制种田要根据隔离条件的要求，选择水利条件好、排灌方便、阳光充足、病虫害少、土壤肥沃、交通便利的大面积成片田，避免用望天田、新开田和病害重的田作制种田，特别注意要确定没有水稻的植物检疫对象，如细条病、白叶枯病和细菌性条斑病等。

（2）搞好隔离。水稻花粉粒小而轻，能随风飞扬，花粉传播的距离很远，在风力较大的情况下，可传播几十米，甚至上百米。据对花粉隔离的试验结果：距离10米的，花粉混杂率为5.2%；距离20米的，花粉混杂率在2.3%；距离30米的，花粉混杂率降到1%；距离40米以上的，才能杜绝异种花粉自然杂交。所以，制种田周围50米以内，除父本外，不应有其他水稻品种，才能使不育系在开花期间，只接受单一父本的花粉，保证种子的纯度。

（3）选择父母本最佳的抽穗扬花期，使花期相遇。这是关系到制种产量高低和成败的关键。首先，要根据父母本的生长发育规律及其对外界环境条件的要求安排好它们的抽穗扬花授粉期。其次，要根据父母本各自从播种到始穗所需要的天数、叶龄、有效积温倒推，算出父母本的播差期和播种期。再次，要根据父母本各自的适宜秧龄期确定出适宜的插秧期。

（4）搞好父母本花期预测与调节。父母本的生育期除受父母本遗传特性所决定外，还受到气候变化、土壤性质、秧苗素质、秧龄长短、插秧深浅、肥水管理等因素的影响，往往使父母本的抽穗期比原计划提早或推迟，造成花期不遇或不能全遇。因此，必须在原先安排的播差期的基础上，认真搞好花期预测，及早发现问题，争取主动、及早采取调节措施，以达到花期全遇的目的。

（5）辅助授粉。制种面积大时，为掌握开花时机，不延误授粉时间，可用拉绳索赶粉的办法辅助授粉，增加结实籽粒。具体操作为：用一根直径0.4厘米的尼龙绳，在绳子中间悬吊一个光滑的矿泉水瓶子，在瓶子里装入沙或水，田大的少装一些，田小的多装一些，以每秒1～2米的速度沿逆风紧拉绳索匀速赶粉。如果上午阴雨，下午突然转晴时要抢晴快赶重赶；多云阴天慢赶轻赶；高温暴雨有花开时也要赶粉，做到有粉必授。

四、水稻雄性不育系

雄性不育系是一种雄性器官退化的水稻品系，没有花粉或花粉发育不正常，因而没有受精能力。但它的雌性器官正常，只要授以正常的花粉就可以结实。在三系法利用水稻杂种优势技术体系中，不育系大部分是核质互作型雄性不育系。雄性不育保持系是一个提供正常可育花粉的正常品种（系），其功能是使不育系的不育特性繁衍下去。用它的花粉授给不育系，所产生的后代仍然保持不育特性。雄性不育恢复系也是一个提供可育花粉的正常品种（系），与保持系的不同之处在于，恢复系花粉授给不育系之后，可使其杂种 F_1 代育性恢复正常，能自交。

五、杂交稻栽培技术

杂交稻与一般常规品种比较具有插秧后缓苗快、根系发达、分蘖旺盛、抗逆性强、穗大粒多、耐瘠薄等优点。种植杂交稻应根据其特点采取相应的种植方法。

（1）要稀播种育壮秧。杂交稻分蘖多、个体优势强、种子成本高。因此，一定要实行稀植栽培。一般行距 33 厘米，株距 13.3 厘米，每亩穴数 1.36 万，用种量仅 1.5 千克，收穗数一般为 22 万 ~ 24 万株。

（2）要减少氮肥的用量。每亩施标氮要比紧穗型耐肥品种减少 20% 左右，应注重基肥和粒肥，同时要稳磷、保钾、增硅。

（3）要实施节水栽培。亩用水量可较常规稻节省 200 平方米左右。在科学管水上，除缓苗期外，整个生育期间土壤保持干干湿湿，无需建立水层，实施无水层灌溉。科学种植杂交稻不但可大大降低生产成本，同时由于中后期田间小气候的改善，也可减轻病虫为害，避免过多施用农药，减少土壤环境污染，取得较好的经济效益及生态效益。

六、水稻转基因技术的利用

基因是每一种生物有机体内部含有的遗传物质，是生物及其特性可以一代一代延续下去的基本单位。我们人类以及动物、植物和微生物体内都有成千上万的基因。俗话说“种瓜得瓜，种豆得豆”，这种生物特性之所以能够一代一代传递下去，就是靠基因来控制的。

一种生物体内基因的组成和含量通常是稳定的，但是也可以发生改变。如果基因本身或基因的组合方式发生了变化，那么这些由基因控制的生物特性也会发生变化。如高秆的小麦和水稻品种可能会由于基因的变化而成为矮秆的小麦和水稻，红花的玫瑰可以由于基因的改变而变成黄花的玫瑰。这种基因的改变（或称为基因突变）在自然界是每时每刻都在不同的生物体上发生的，只不过其发生频率很低，而且大多数的改变不为我们所关注罢了。人类正是利用了基因这种可以改变和组合的特点来

进行品种改良，以便提高农作物品种的产量、品质和营养成分。

通俗地说，转基因就是一种生物体内的基因转移到另一种生物或同种生物的不同品种中去的过程。一般来说转基因是通过有性生殖过程来实现的。例如，植物的花粉（含有雄配子）通过不同的媒介由一种植物“跑”到另一种植物，或“跑”到同一种植物的另一个品种花朵里边的雌蕊（含有雌配子）上并与其杂交，这种杂交的过程就产生了基因的转移。又如在猫这种动物中，不同品种和类型的猫进行交配后产生了与父母都不一样的子代，这就是由于产生了基因的转移。因此，转基因是大自然中每天都在发生的事情，只不过在自然界中，基因转移没有目标性，好的基因和坏的基因都可以一块儿转移到不同的生物个体。同时，通过自然杂交进行的转基因是严格控制在同一物种内（特别是在动物中），或是亲缘关系很近的植物种类之间。

人类为了提高农作物的产量，改善品质和增强抗病虫及抗逆能力，常常采用人工杂交、远缘杂交等方法来育种，希望将不同品种，甚至是野生近缘种中间的有益基因转移到推广品种中间去。这种以人工杂交的方式进行转基因，增大了目的性，也培育出了成千上万的优良品种，供人类食用。但是用人工杂交的方法转基因仍有许多局限，例如：不能在亲缘关系较远的物种之间转移基因，已转移的基因中仍有大量不需要的基因甚至是有害的基因，转基因的效率较慢，等等。为了解决上述问题，科学家利用现代生物技术的方法，将我们所需要的基因进行定位，分离复制，然后再将这个目的基因，通过载体转移到我们的目标生物品种中去。这种以生物技术的手段来转移基因的过程就是我们现在常常提到的转基因。它与自然的和传统通过人工杂交转移的基因没有本质上的区别，只是这种用生物技术来进行转基因的方式有很强的目的性——只转移需要的基因，而将不需要和有害的基因统统拒之门外，这就大大地提高了转基因的效率，加快了品种改良的进程。同时，现代转基因技术还可以将亲缘关系较远的生物中的基因，甚至是人工合成的基因转移到我们需要的品种中，扩大了可利用的种质资源。

了解了基因及转基因，就不难理解什么是转基因品种。我们目前所说的转基因品种就是利用转基因生物技术将从某种植物或动物中分离复制出的单个或一组基因转移到另一种植物或动物中，培育成的新品种，这样的品种就是转基因品种。由这些转基因品种生产加工成的食品就称为转基因食品。如转基因大豆及其制成的豆油、豆腐、酱油和豆豉等豆制品都是转基因食品。

第六章

机械化水稻生产技术

第一节 耕田、整地的机械化

一、水田秋翻的经验及要求

水田秋翻要求具体的质量标准是：一般耕深15～18厘米，耕深要一致，地面平整；犁底要平，扣垡要严；不漏耕，不跑茬，不得有立垡；尽量减少开闭垄；地头、地边、地角都要耕起。水田秋翻的特点是地湿、土黏、翻地作业时间短。搞好水田秋翻，各地积累了不少经验。主要是：

（1）作好秋翻地机具的准备。一般要在9月份完成对拖拉机与犁的检修工作，保证检修质量，使机具处于良好的技术状态。要求犁架不变形，各锋尖在同一直线上，铧刀要锐利，液压装置要可靠，农具升降要灵活，保证在作业的全过程中不出故障或少出故障。另外，还要准备好零件和油料供应，做到及时维修、不违农时。

（2）水田秋翻要做好土地准备。秋翻作业前，应将条田内横坝埂铲平，以利机耕作业的顺利进行，并防止损坏机具和影响秋翻质量。条田化地区多采用反翻一犁后正翻，进行二区套翻耕作业。内翻和外翻隔年交替进行。这样可以消灭生格子，使地边整齐。采用二区套，可将开闭垄移到水线处，地中间没有开闭垄，达到土地平整的要求。当耕完 6 ~ 8 个条田时，再用四角起犁的方法围耕地头。

（3）抓住秋翻地的适宜时机。秋翻地一般只有 25 ~ 40 天，作业时间比较短，应力争提早下地作业。本着先易后难、先集中后分散的原则，以加快秋翻地的进度。洼地要抢冰茬突击翻地，可提高翻地质量。

值得注意的是，机组作业时，要经常检查犁的工作状态，犁架前后、左右是否保持水平，否则犁底不平，会影响耕作质量。同时还要检查耕深是否符合要求。作业时分配器的操纵手柄只允许放在浮动位置。开始耕地时，应先打好起落犁线，使地头整齐，转耕时不易漏耕，作业时，车要开得正走得直，防止地头出现“鸡窝”。遇到土壤太湿的地段，犁易下陷使耕深变大，应把犁慢慢提一些，以免耕得过深，通过后恢复正常耕深，保持深浅一致。防止下陷的方法，可将深浅调节轮加宽或将该轮卸下，装上托板。为了防止立垡，可在犁壁上安装延长板，促使垡块翻转。对于新垦区和草根较多的地块，可在犁铧前安装圆犁刀，以切断草根，减少立垡。

二、机械旋耕作业的技术要求

（一）旋耕作业的注意事项

目前的旋耕机耕深一般为12厘米左右，长期浅耕，会使耕层下部趋于免耕，对水稻的产量有一定影响。一般连续旋耕4年，就有减产的趋势。因此，旋耕要与深松或犁耕结合起来，即旋耕2～3年，深松或犁耕1年。

旋耕机的配套动力采用50马力级轮式拖拉机较为理想，因为轮式拖拉机既可旋耕又可配挂驱动耙，一机多用。旋耕作业拖拉机的适宜速度为2.5～3.0千米/小时，刀轴转数为200～250转/分钟。

旋耕易诱发杂草，所以实行旋耕作业时要配合化学除草。

旋耕后的稻田易脱肥，所以旋耕作业要和全层施肥相结合，肥料利用率可提高28.4%，增产5%左右。这是实现全层施肥的理想措施。

（二）拖拉机旋耕作业技术

旋耕作业之前，旋耕刀的安装排列是一项重要工作。安装不当，将严重影响作业质量，并因刀片旋转不平衡而导致机件损坏和机组振动增大。刀片安装的方法有三种，可以根据作业要求选用。

（1）内翻装刀。安装时全部刀头朝向刀轴中央。耕后中间隆起，适用于中间有沟的田面操作。

（2）外翻装刀。除最外端刀头向内安装外，其余刀头都向外装。耕后中间微凹，适用于将垄耕平。

（3）混合装刀。刀头内外交错排列，耕后表现平整。

为了区别已耕地和未耕地，避免刀头碰上轮胎，左、右两端刀片弯头都应朝内安装。安装时注意刃口应朝入土方向。

作业前必须仔细检查连接部分是否可靠，特别要注意刀片的连接，并检查是否有裂纹。发现松动应立即拧紧，刀片有裂纹应更换，以免刀片工作时断裂飞出伤人。检查完毕后，先让旋耕机空转几分钟，倾听是否有杂音，确认无异常现象再开始作业。

旋耕机的碎土性能，可以通过改变手扶拖拉机的前进速度或刀轴转速来调整。若刀轴转速不变，则降低拖拉机前进速度，碎土性能变好；反之，碎土性能变差。

（三）拖拉机水耙地技术要求

在驱动耙尚不能广泛应用的情况下，选用手扶拖拉机进行水耙地作业，基本上可以达到对整地的要求。

为了使手扶拖拉机能在水田地里正常行走，必须让手扶拖拉机长“脚”，即将手扶拖拉机的两个胶轮拆下来，换上两个水田叶轮，同时把手扶拖拉机的尾轮拆下来，把尾轮叉组合件安置在尾托板上。叶轮的直径方向成20°夹角，以使叶轮顺利地插入水田，并获得足够的牵引力。

手扶拖拉机水耙地的配套机具，不能用铁制耙，因为铁制耙会陷入泥里，而且越陷越深。以采用木制的齿耙和水田平地器为好。齿耙的架子由粗木头做成，齿耙比普通的要长一些，这样不但有松土、平整土地的作用，还对盐碱地有洗盐的作用。水田平整器是由人站在上面操动刮板来作业的。刮板垂直于水面，高处的泥就被刮板刮去填入低处。

另外，手扶拖拉机的最终传动部分容易淤积泥土，启动时阻力大，启动时应缓慢一些，突然加速会卡住，甚至把最终传动壳体撑坏。应尽量少拉转向，以减少变速箱中拨叉的磨损。需要小幅度转向时，可以踩动尾轮托板，不要拐小弯。拉动转向把手时，应一拉到底，否则会损坏齿轮。

用手扶拖拉机水田作业，有时会陷入深水沟中。如果出现这种情况，可用两块木板，铺放在水田叶轮的前面，然后慢慢将离合器结合，叶轮就会爬到木板上面。

第二节 插秧、抛秧的机械化

一、机插秧苗的生长发育特点

水稻的生育特性除受遗传基因的控制外，常与环境条件和栽培方式密切相关。由于机插秧已改变了原有的栽培方式，因此有其独特的生育规律。主要表现在以下三个方面：

（1）机插水稻移栽后虽无明显的返青期，但都有较长的蹲苗期。分蘖始期迟，生长速度慢；栽后 5 ~ 15 天生长进入正常，分蘖剧增，苗数日增量高达 1.5 万左右，群体呈直线上升，这种增蘖势头一直延续到分蘖高峰期的出现；分蘖高峰期后苗数下降速度先快后慢，随着生育的推进而逐步缓和。与手插秧比较，分蘖成穗率偏低，但成穗数仍然偏多。一般机插水稻足穗的主攻蘖位是移栽时顶叶和顶叶以上两个蘖位。

（2）在同期移栽、措施相同的情况下，机插水稻叶面积指数前期小，中期逐渐赶上，最大叶面积指数及成熟前叶面积指数均高于常规手栽。这与茎蘖消长的特点完全吻合，而干物重生产与积累呈“S”形曲线，两者变化趋势相同，最终生物产量机插水稻高20%，这是夺取机插高产的潜力所在。而个体生长量则不同，机插水稻的叶面积和干物质积累量尽管逐渐接近，但主穗分化期要低25%，这就导致分化强度小，枝梗数和颖花量减少，这是机插水稻穗型变小的内在原因。

（3）机插水稻群体的消长、物质的积累，决定了产量结构的特点。机插与常规手栽比较，具有穗数多、穗型小、结实率、千粒重持平或略高的特点。

二、机插秧质量的改进和提高

提高机插质量是高产栽培的主要措施之一。机插时，要求深度控制在2~3厘米，漏穴率在2%~5%，每穴3~5苗的合格率在70%以上，并尽量减少漂秧、伤秧现象。要达到以上的机插标准，就要做好以下几方面的工作：

（1）培育标准壮苗。在起秧和运秧过程中要防止伤秧折苗。

（2）抓好操作人员培训和机具的调试和维修，保证正常运行。

（3）采用少（免）耕方式，争取季节，适时移栽。要求田块上浮下实，插秧机不下陷。如果大田过烂，一定要沉实后再行机插。

（4）提高切块质量。切块一定要专人负责，严格掌握秧片规格，尤其是秧片宽度，要符合秧箱要求，建议推广使用子盘育苗。

（5）及时补好缺棵。据试验，水稻虽有较强的自我调节能力，边际效应也有一定的补偿作用，但是，当出现较长的断垄或较大的“天窗”时，边际效应的“得”，弥补不了缺棵的“失”。因此，补缺棵，移密补稀，花工不多，增产效果显著。

第七章

病虫害、杂草防治技术

第一节 病虫害防治技术

一、水稻病害防治技术

水稻病害可分为非浸染性病害和浸染性病害两大类。非浸染性病害是由生长条件不适宜或环境中有害物质的影响诱发的，并没有其他生物的浸染，是不能相互传染的。如水稻的生理性烂秧，主要原因是种子质量差和催芽过程中冷热不均，蓄水或覆土过深造成缺氧条件而引起的；水稻苗期的黄枯病是由于育秧过程中管理不当或环境条件不适合造成的；水稻黑根则是由于施用未腐熟的肥料或大量施用有机肥或化肥，同时蓄水过深，土壤处于强还原状态，以致产生大量硫化氢、硫化铁等还原性物质毒害稻株，使稻根变黑、腐烂。浸染性病害是由病原生物浸染寄主所引起的，具有一定的传染性，如水稻立枯病、稻瘟病、稻曲病等。

水稻病害一般还可分为苗期病害和生长期病害。生长期病害主要有纹枯病、稻瘟病、稻曲病、白叶枯病、胡麻叶斑病、干尖线虫病等；苗期病害主要包括生理性烂秧和苗期浸染性病害。在北方粳稻区，一般常见的苗期浸染性病害有立枯病、腐烂病、恶苗病等。

（一）本田期病害及其防治

水稻本田期病害种类很多，但在生产上能造成危害的常见病害主要有：稻瘟病、纹枯病、白叶枯病、恶苗病、稻曲病、胡麻叶斑病、干尖线虫病、稻粒黑粉病、条纹叶枯病等。

稻瘟病在水稻整个生育期内均可发生，稻株各个部位都可受害；纹枯病的发病期一般在分蘖期到抽穗期，分蘖末期为发病盛期；恶苗病本田发病一般在移栽后到抽穗期，以苗期和插秧后10～30天为发病高峰；白叶枯病在水稻整个生育期均可发病，东北稻区则以分蘖末期到齐穗期为发病盛期；稻曲病一般在破口期浸染，齐穗期发生，但在东北稻区，稻曲病无再浸染现象；胡麻叶斑病自秧苗到收获期均可发生；干尖线虫病虽在水稻整个生育期均可发病，但以孕穗期症状表现最为明显；稻粒黑粉病在水稻孕穗至齐穗期发病率高，发病也较重；而条纹叶枯病在北方稻区主要发生在孕穗至齐穗期。

（二）生理性烂秧及其防治

常见症状有烂种、烂芽、青枯或黄枯死苗。烂种是指播种后未萌发的种子腐烂；烂芽是指播种后谷芽未转青即死亡，初期幼根或芽卷曲变黄褐色，后期变腐之后枯死；青枯和黄枯多在3叶期前发生，幼苗遇低温阴冷突然转晴天气时，常出现突然失水、青枯死亡；若长期低温阴雨，叶片缓慢死亡，则出现黄枯。防治方法主要有：

（1）改进育苗方式。推广免疫育苗，用软盘育苗、旱育苗代替水育苗，尽量选择地势较高而平坦、肥力中等的田块作为育秧田。

（2）提高种子的质量和催芽技术。一是把好留种、贮种、晒种、选种关，提高发芽率，促进秧苗健壮生长；二是催好芽，温度要稳定在10℃以上，既不要高温逼芽，也不要低温等芽。做到“高温（36～38℃）露白，适温（30～35℃）催芽，降温（20～25℃）炼芽”，增强秧苗抗逆能力。

（3）加强秧田管理。特别要注意通风炼苗，做到早炼苗，炼小苗。

（三）水稻立枯病的发生及其防治

水稻立枯病分为苗期立枯病和本田期立枯病，主要由镰刀菌、立枯丝核菌和腐霉菌引起，其中以镰刀菌为主。

防治本田期立枯病：一是要选用抗旱力强的品种；二是后期管理要浅水与露田相结合，促进根系生长；三是要合理施肥，基肥要施足，追肥要早施，避免施氮过多、过迟，防止贪青或早衰；四是药剂防治，包括药剂浸种或拌种，即采用药剂有2.5%或10%适乐时、25%施保克乳油、45%施保克水剂、10%浸种灵乳油、40%卫福胶悬剂、40%苗病清等，还包括苗期喷雾，即在秧苗1叶1心期，喷施3%育苗灵或40%苗病清。

苗期立枯病的防治主要是通过床土调酸，创造不利于病菌生长的环境，达到防治的目的。药剂防治也有很好的效果，如用苗病清或立枯一次净等封闭苗床或1叶1心期喷雾等。此外，注意通风炼苗也是防治苗期立枯病、特别是生理性立枯病的关键之一。

（四）水稻恶苗病的发生及其防治

水稻恶苗病的病原菌有性时期为子囊菌亚门赤霉菌属，无性时期为半知菌亚门镰刀菌属。

从症状上看，苗期恶苗病的病苗比健苗高且细弱，叶片和叶鞘窄长，淡黄绿色，根部发育不良，根毛数目减少，有时有过度分蘖现象，严重时移栽前或移栽后陆续死亡。本田一般在移栽后一个月左右出现病株，病状与苗期相似，分蘖少或不分蘖，节间显著伸长，节部常弯曲露出叶鞘之外，其上倒生不定根，且以基部节上为多，这是该病的典型特征。以后茎秆逐渐腐朽，在叶鞘和节部生有淡红色或白色黏稠霉层，即病菌分生孢子。病株多数不抽穗，于孕穗前枯死。后期病秆上散生或群生黑色小点，即病菌子囊壳。有的病株提早抽穗，但穗小、粒少。谷粒被病菌浸染，严重的变为褐色，不充实，或在颖壳接缝处生淡红色的霉；感病轻的仅在谷粒基部或尖端变为褐色，有的外表虽没有表现症状，内部却有菌丝潜伏。引起病株徒长是该病的常见症状，有时也可使病株发生矮化或与正常苗没有高矮区别。

水稻恶苗病的初浸染源主要是带菌种子，其次是带菌稻草。病菌以分生孢子的形式在种子表面或以菌丝体形式潜伏于种子内部越冬，浸种时分生孢子又可污染无病种子而传病。

恶苗病只为害水稻，从苗期到抽穗期均可发生，一般以分蘖期发生为最多。秧田的主要发生期是 1 ~ 3 叶期。本田的主要发生期是移栽后 10 ~ 30 天。

根据水稻恶苗病发生规律，主要防治方法有：

（1）建立无病留种田，严格选用无病种子，避免从病区调种。

（2）搞好种子消毒。防治水稻恶苗病的浸种药剂有很多，防效也都比较好，包括：85% 的强氯精、2. 5% 或 10% 的适乐时、25% 或 45% 的施保克、45% 的代森铵或 10% 的浸种灵等。浸种时应注意水温，一般温度要大于 15℃。

（3）栽培管理上应注意播前催芽时间不能太长，移栽时尽量少伤根，避免在高温和中午时插秧等，以减少发病几率。

（4）采用一切可能的措施减少初浸染源，如及时拔出病苗、病株和处理病稻草，集中烧毁。不露天堆放病稻草或将其及时处理掉等。

（五）稻瘟病的发生及其防治

水稻稻瘟病为真菌性病害，病原菌为稻梨孢菌属半知菌亚门。其有性世代为稻卵球腔菌属子囊菌亚门，一般不常见。稻瘟病一般可分为苗瘟、叶瘟、节瘟、穗颈瘟、枝梗稻瘟和粒稻瘟等。

（1）苗瘟多由种子带菌引起，一般在 3 叶期前发生。初期症状在芽和芽鞘上出现水浸状斑点，而后迅速变成黄褐色，致使芽烂枯死。苗稍大后，病苗上可见到暗绿色斑点，不久变为黄褐色而枯死。3 叶期以后发生的苗叶瘟，一般在秧苗上发生病斑，症状与本田叶瘟相同。

（2）本田成株叶片上发病的为叶瘟，稻农称之为“火龙”，主要发生在水稻分蘖期以后。病斑的形状、色泽和大小按气候条件、水稻品种的感病程度可以分为：a. 急性型。病斑暗绿色，发展快，由微细点状迅速扩展成近圆形或不规则形病斑，病斑中心为灰白色，外缘呈水浸状，正反两面密生灰绿色霉层，急性型症状出现是稻瘟病流行的预兆。b. 慢性型。田间最为常见，典型病斑为梭形，病斑中心为灰白色崩溃部，稍外为褐色坏死部，最外层是黄色晕圈，为中毒部，潮湿时病斑背面产生灰绿色霉层。c. 白点型。病斑为白色圆形小斑，不产生霉层，多在土壤十分干燥时在嫩叶上发生，条件适宜时能迅速转变为急性型病斑。d. 褐点型。病斑为褐色小点，多局限在叶脉间，病斑中央为褐色坏死部，周围包着黄色中毒部，病斑不产生霉层，多发生在抗病品种或稻株下部的老叶上。

（3）节瘟的病节初为黑褐色小点，后呈环状，扩大至全节，呈黑褐色。天气潮湿时病斑部产生灰绿色霉层，后期病节干缩、凹陷，易折断、倒伏。

（4）穗颈瘟的病斑初为水浸状褐色小点，后逐渐围绕穗轴和枝梗扩展。病部呈褐色或黑绿色，长有黑褐色霉层。如穗颈发病早，则可造成白穗。

（5）枝梗瘟主要发生在一次枝梗或二次枝梗上，穗颈上并无明显的病斑，但症状与穗颈瘟相同。发病较早且严重时造成空壳或谷粒不饱满。

（6）谷粒瘟主要发生在谷粒上，病斑椭圆形，灰白色，常有灰绿色霉层，谷粒黄熟后则不明显。发病晚时病斑为椭圆形或不规则的褐色斑点。发病严重时谷粒不饱满。

稻瘟病在水稻整个生育期均可发生，稻株各个部位都可受害。但北方稻区危害性最重的是穗颈瘟和枝梗瘟，严重时可造成绝产。防治方法主要包括选用抗病品种、及时处理病谷、病草以减少菌源、栽培控制和化学药剂防治等。

药剂防治苗瘟一般以种子处理为主，药剂有2.5%或10%的适乐时、25%的施保克、80%的强氯精和10%的浸种灵等，浸种后要充分洗净再催芽。本田药剂防治以适时喷药保护为主，一般在移栽时，用25%的阿米西达悬浮剂、30%的克瘟散乳油、2%的加收米液剂、40%的富士一号乳油、75%的三环唑可湿性粉剂或25%的施保克乳油等，可有效地抑制叶瘟的发生。一般应在叶瘟发病初期用药，及时扑灭发病中心。

防治穗颈瘟和枝梗瘟应在破口始穗期和齐穗期各用药1次，以40%的富士一号乳油或75%的三环唑可湿性粉剂为最佳。对生长嫩绿、多肥贪青的田块，在灌浆时再用药1次，有较好的防治效果。

特别需要指出的是防治穗颈瘟和枝梗瘟时一定要注意防治方法。

晴天打药，一般应选择在上午10点以前或下午4点以后；对水量必须充足，以确保药液能在叶片上保持一定的吸收时间；用富士一号乳油时，有条件的地方可加适量米醋（每亩100～150克），以增加防病效果。

在栽培控制上，要施足基肥，根据苗情分期分次追肥，避免过量、过迟施用氮肥，适当增施磷、钾肥。水分管理要浅、湿、干间歇进行，少灌勤灌，干干湿湿。分蘖后期适时搁田，促进稻株健壮生长，增强抗病力。

（六）稻曲病的发生及其防治

稻曲病又称伪黑穗病、绿黑穗病、谷花病、青粉病。俗称“乌米”或“丰产果”。该病只发生于穗部，为害谷粒。受害谷粒内形成菌丝块，膨大后内外颖裂开，露出淡黄色块状物（孢子座），后包于内外颖两侧，呈黑绿色。初时外包一层薄膜，破裂后散生墨绿色粉末（病菌的厚垣孢子）。有的两侧生黑色扁平菌核，风吹雨打后易脱落。该病在全国各主要稻区均有发生。

稻曲病菌的主要浸染源是落在田间的稻曲球和稻曲球厚垣孢子.稻曲球和厚垣孢子在稻田土中越冬，存活期可达5年以上。翌年，在水稻孕穗初期至齐穗期萌发，浸染稻穗造成发病。

稻曲病发生的主要时期是孕穗期至齐穗期，症状显现则是在灌浆成熟期。防治稻曲病的根本措施是培育抗病品种，但目前尚未发现抗病基因。因此，对该病的防治仍然以农艺措施和药剂防治为主。包括：

（1）建立无病留种田，防止稻曲病病原菌远距离传播和扩散。

（2）在水稻拔节期至齐穗期少施氮肥，多施磷、钾肥，以减轻稻曲病的发生程度。

（3）根据稻曲病发生的特点，在水稻孕穗末期和齐穗期各施一次药，防治效果可达到85%以上。防治稻曲病的药剂有：25%三苯醋锡可湿性粉剂、5%络氨铜水剂、7.7%护丰安（氢氧化铜）可湿性粉剂和稻丰灵等。

用稻丰灵或其他铜制剂时，应特别注意打药时间、打药量和打药方法。打药时间应在抽穗破口前3～5天，即似破未破时，出穗以后用该类药剂易产生药害，最好不用；打药量特别是对水量一定要充足；最好是选择在早晚打药。

（七）水稻纹枯病的发生及其防治

水稻纹枯病是影响北方水稻生产的三大主要病害之一，在水稻整个生育期内均可发生，但以孕穗至灌浆期发病对水稻产量的影响最大。目前，尚未发现对纹枯病有抗性的水稻品种。因此，防治纹枯病的措施仍以农艺防治和药剂防治为主，如加强肥水管理，控制病情发展，结合预测预报及时搞好药剂防治等。

主要防治方法有：移栽前打捞菌核，减少菌源；加强栽培管理，施足基肥，早施追肥；灌水做到浅水分蘖，够苗露田促根（肥田重晒，瘦田轻晒），湿润长穗，适期断水，防止早衰等；化学防治可用23%满穗悬浮剂、5%保穗乳油、5%井冈霉素、50%多菌灵可湿性粉剂、20%担菌灵乳剂、25%禾穗宁可湿性粉剂、7.7%护丰安可湿性粉剂或稻丰灵等。

（八）白叶枯病的发生及其防治

白叶枯病是水稻病害中为数不多的由细菌引起的病害之一。该病从苗期到生育后期均可发生，分蘖末期到齐穗期为发病盛期。该病一般是通过调种在地区间传播。田间发病后，通过雨溅风吹等由发病中心向四周扩散。

水稻白叶枯病存在明显的品种间差异。因此，对该病的防治应以选用抗病、耐病品种为主。农艺措施包括：严防从病区调种，老病区应换用无病种子以减轻病害；及时集中烧毁带病的稻草和稻桩，尽量减少菌源；搞好水肥管理，增强稻株的抗病力等。药剂防治包括：种子消毒，培育无病壮秧。常用药剂有45%代森铵水剂、25%中生菌素水剂、10%浸种灵乳油、10%叶枯净可湿性粉剂、25%叶枯灵可湿性粉剂和0.3波美度石硫合剂等。本田初见发病中心后喷施25%叶清双可湿性粉剂、45%代森铵水剂、20%中生菌素水剂、25%叶枯宁可湿性粉剂、10%叶枯净可湿性粉剂等，都有较好的防治效果。

（九）水稻干尖线虫病的发生及其防治

水稻干尖线虫病是由线虫引起的病害，属线形动物门，垫刃目，滑刃科，滑刃线虫属。

水稻感染上干尖线虫病以后，一般幼苗期不表现症状，仅有少数幼苗在分蘖初期前表现症状。受害稻苗上部叶片尖端2~4厘米处变成枯白色、灰白色或淡褐色的干尖，与健部界限明显，蜷缩扭曲，捻卷似猪尾状。孕穗期上部叶片尤其是剑叶叶尖1~8厘米处变成黄白色半透明状，干尖捻曲尤为明显，病健交界处有明显的不规则褐色界纹，也有的有无褐色界纹，类似自然枯黄。一般干尖不脱落，直至收获。病株大多数能正常抽穗结实，但穗小，粒少，秕粒增加，千粒重降低。饱满的颗粒颖壳松裂，略带褐色。

受害稻株并非全部表现干尖症状，有的植株仅内部潜存线虫，使之生育衰弱，产量降低。

水稻干尖线虫病主要是以种子传播的。线虫潜伏在谷粒的颖壳和米粒之间越冬，在种子里能存活3年，在水中能存活1个月。一般化学药剂很难将其消灭。

干尖线虫病在水稻的整个生育期均可发生，但以孕穗期症状表现最为明显。干尖线虫病主要为害叶片和稻穗，造成小穗和瘪粒。

主要防治方法：一是严格检疫制度，禁止从疫区调运种子，防止蔓延。二是进行种子处理。由于干尖线虫不耐高温，用温汤浸种效果较好。方法是先用冷水将种子预浸3天，然后用53～55℃的热水直接淋浇，直至种子表面温度也达到53℃，冷却后催芽播种，可杀死98%以上的线虫。用温汤浸种一定要掌握好温度，温度过低达不到杀虫效果，温度过高影响发芽率。三是药剂防治，如用0.5%的盐酸溶液浸种2昼夜后漂洗稻种，或用90%巴丹可溶性粉剂6000倍液浸种3昼夜，或用80%强氯精可湿性粉剂3000倍液浸种2昼夜，或用18%杀虫双水剂250倍液浸种2昼夜，或用17%菌虫清水剂250倍液浸种3昼夜。浸种温度一般为15～20℃。浸种量一般为药液淹没稻种为佳，药液与稻种重量比约1∶1即可。本田出现症状后，一般应勤晒田，减少再浸染。

（十）水稻胡麻斑病的发生及其防治

水稻胡麻斑病是秧苗期至收获期均可发生的病害，东北稻区主要发生在分蘖末期至齐穗期，稻株各部均可受害，但以叶片为多。芽期受害症状一般是芽鞘变褐，芽未抽出，子叶枯死。苗期发病多在叶片、叶鞘上形成椭圆形病斑。成株叶片染病初为褐色小点，渐扩大为椭圆斑，如芝麻粒大小，病斑中央为褐色至灰白，边缘为褐色，周围有深浅不同的黄色晕圈，严重时连成不规则大斑。病叶由叶尖向内干枯，死苗上产生黑色霉状物（为病菌分生孢子梗和分生孢子）。叶鞘上染病病斑初为椭圆形，暗褐色，边缘为淡褐色，水渍状，后变为中心灰褐色的不规则大斑。穗颈和枝梗发病受害部暗褐色，造成枯穗。谷粒染病早期受害的谷粒灰黑色，扩至全粒造成秕谷。后期受害病斑小，边缘不明显。病重时谷粒质脆易碎。

水稻胡麻斑病防治措施：一是进行种子消毒。一般用80%强氯精可湿性粉剂、25%施保克乳油、10%适乐时悬浮种衣剂浸种。二是加强肥水管理。该病多在稻株营养不良的情况下发生，因此，防治该病应多施有机肥，酸性土可施石灰，稻苗生长缺氮要增施氮肥和钾肥或人粪尿、草木灰等；既要避免长期淹水，又要防止缺水受旱而诱发胡麻斑病。三是用药剂防治。方法是发病初期用瘟特灵悬浮剂每亩150毫升，对水30～40千克喷雾，也可用50%福美双可湿性粉剂每亩150克，对水30～40千克喷雾。以上两种农药均需两次用药，即隔5天再喷一次。

（十一）水稻条纹叶枯病的发生及其防治

水稻条纹叶枯病是一种病毒性病害，在水稻整个生育期内均可发病，但在北方稻区主要发生在孕穗至齐穗期，症状表现为：

苗期发病一般是心叶基部出现褪绿黄白斑，后扩展成与叶脉平行的黄色条纹，条纹间仍保持绿色。不同品种表现不一，糯、粳稻和高秆籼稻心叶黄白、柔软、卷曲下垂呈枯心状。矮秆籼稻不呈枯心状，出现黄绿相间的条纹，分蘖减少，病株提早枯死。条纹叶枯病引起的枯心苗与三化螟为害造成的枯心苗相似，但无蛀孔和虫粪，不易拔起，也有别于蝼蛄为害造成的枯心苗。

分蘖期发病，先在心叶下一叶基部出现褪绿黄斑，后扩展形成不规则黄白色条斑，老叶不显病。籼稻品种不枯心，糯稻品种半数表现枯心。病株穗小，畸形不实。

齐穗期发病，剑叶下部出现黄绿色条纹，不枯心，但抽穗畸形，结实很少。病株嫩叶基部出现黄点，后向上扩展，出现不规则的黄色条纹。病株有的可形成瘪穗，但极少结实。

引起水稻条纹叶枯病的病毒仅靠介体昆虫传染，其他途径不传病。介体昆虫主要为灰飞虱。灰飞虱一旦获毒，可终身携带并经虫卵传毒。白背飞虱虽也可传毒，但作用不大，最短吸毒时间为 10 分钟，循回期为 4～23 天，一般为 10～15 天。病毒在虫体内增殖，经卵传递。该病毒可浸染禾本科的水稻、小麦、大麦、燕麦、玉米、粟、黍、看麦娘和狗尾草等 50 多种植物。但除水稻外，其他寄主在浸染循环中作用不大。病毒在带毒灰飞虱体内越冬，成为下一年的主要浸染源。在大麦、小麦田越冬的若虫，羽化后在原麦田繁殖，然后迁飞至早稻秧田或本田传毒、为害并繁殖。早稻收获后，再迁飞至晚稻上为害。晚稻收获后，又迁回到冬麦上越冬。水稻在苗期到分蘖期易感病。叶龄长，潜育期也较长，随植株生长抗性逐渐增强。

条纹叶枯病的发生与灰飞虱的发生量和带毒虫率有直接关系。春季气温偏高，降雨少，虫口多的发病重。稻、麦两熟区发病重，大麦、双季稻区病害轻。防治方法主要有：

（1）调整稻田耕作制度和作物布局，成片种植，防止灰飞虱在不同季节、不同熟期和早、晚季作物间迁移传病。忌种插花田，秧田不要与麦田相间。

（2）选用抗病品种，调整播期和移栽期，避开灰飞虱迁飞期。

（3）收割麦子和早稻要背向秧田和大田，减少灰飞虱迁飞。

(4) 治虫防病，抓住传毒迁飞前期集中防治，防治方法参见稻飞虱。

根据近年的防治经验，在水稻分蘖期（6 月 4 日至 6 月 20 日）进行一次统防统治，可取得较好的防治效果。防治灰飞虱的参考药剂有：吡虫啉+氧化乐果、锐劲特、阿克泰、吡虫啉+敌敌畏等。在水稻拔节期 (7 月 4 日至 7 月 20 日）和孕穗末期，应根据调查情况再进行 1～2 次统防统治。

总之，防治条纹叶枯病必须从防治稻飞虱入手。因此，引进抗源，筛选、推广抗稻飞虱品种才是根本。

（十二）水稻叶鞘腐败病的发生及其防治

该病秧苗期至抽穗期均可发生。幼苗期染病，叶鞘上生褐色病斑，边缘不明显。分蘖期染病，叶鞘上或叶片中脉上初生针头大小的深褐色小点，向上、下扩展后形成菱形深褐色斑，边缘浅褐色，叶片与叶脉交界处多现褐色大片病斑。孕穗至抽穗期染病，剑叶叶鞘先发病且受害严重，叶鞘上生褐色至暗褐色不规则病斑，中间色浅，边缘黑褐色较清晰，严重的出现虎斑纹状病斑，向整个叶鞘上扩展，导致叶鞘和幼穗腐烂。湿度大时，病斑内外出现白色至粉红色霉状物，即病原菌的子实体。

防治该病的主要措施有：

（1）合理施肥。采用配方平衡施肥技术，避免偏施、过量施氮肥，防止后期脱肥，沙性土要适当增施钾肥。

（2）浅水勤灌，适时搁田，使水稻生育健壮，提高抗病能力。

（3）田间结合防治稻瘟病喷药可兼治本病。可用50%的苯菌灵可湿性粉剂1500倍液，或每亩用50%的丰米超微可湿性粉剂75克，防效在60%左右；也可用40%的禾枯灵可湿性粉剂，每6亩用药60～75克，对水60升喷雾，可兼治水稻紫鞘病、叶尖枯病、稻曲病等。

（十三）水稻褐变穗病的发生及其防治

褐变穗病一般是由于出穗后不久谷粒组织软弱，遇强风易损伤而感病，粒上出现褐色斑点或变褐，随病势进展变浓褐或黑褐色。成熟期温度低、降雨多、日照少，病害更容易发生。发病严重时不仅影响稻米的品质，茶米、黑背米混入率高，降等降级，而且会造成减产。

褐变穗病的病原菌为交链孢霉菌和附球霉菌，一般附着在稻粒、稻秆、禾本科杂草的枯死株上越冬。特别是堤埂杂草割后堆放，孢子发生密度更高。

防治此病，每亩可于抽穗期用加收米 80 毫升+25% 施保克 60 毫升或加收米 80 毫升+50% 多菌灵 80 克，具有良好的防治效果。

二、水稻虫害防治技术

（一）水稻苗期虫害

水稻苗期害虫主要包括蝼蛄、稻蓟马和稻水象甲成虫等。防治蝼蛄主要是选择通透性好的高坡地块作为苗床。在发生较重的地区，可用药剂拌种、浸种或喷雾的方法防治。常用药剂有 5% 锐劲特悬浮剂或 0.3% 颗粒剂、48% 乐斯本乳油、20% 好年冬乳油和 70% 艾美乐水分散颗粒剂。

稻蓟马的防治方法有农业防治和药剂防治。农业防治包括培育壮秧，提高耐虫能力；出苗前及时铲除田边、沟旁杂草和枯叶，减少越冬虫源；移植后加强肥水管理等。药剂防治常用药剂有：2.5% 保得乳油、20% 吡虫啉浓可溶剂、20% 丁硫克百威乳油、10% 除尽乳油、1.8% 爱比菌素乳油、5% 锐劲特悬浮剂、25% 双硫磷或杀螟松乳油、3% 呋喃丹颗粒剂等。

稻水象甲成虫防治的方法包括铲除田边、沟边的杂草，降低越冬虫口基数；在重害区用灯光诱杀盛发期成虫；栽秧前多犁多耙几次，消灭成虫，同时也兼治稻负泥虫等。在水稻苗期喷施 25% 阿克泰水分散颗粒剂、5% 锐劲特悬浮剂、3% 呋喃丹颗粒剂等药剂，均可收到较好的效果。

（二）稻水象甲的危害及其防治

稻水象甲是近年由国外传入北方稻区的一种检疫性害虫，蔓延速度快，防治困难，危害严重。目前已成为北方稻区的主要虫害之一。

稻水象甲一般以成虫在稻田附近的山坡、荒地及有枯枝落叶、枯死杂草覆盖物下的土表越冬，每年发生1代。4月中旬越冬成虫开始活动，先取食禾本科、莎草科等杂草；秧田揭膜后，移至秧田为害秧苗；约在6月上旬开始产卵，6月中、下旬是产卵高峰；6月中旬始见幼虫，到8月中旬仍持续可见，但7月下旬到8月初是高峰期；新生成虫始见于7月下旬，羽化后钻出泥土，取食水稻下部幼嫩分蘖；到8月中下旬大量迁向越冬场所，少数滞留稻田取食稻叶；10月中下旬始，成虫在越冬场所基本停止活动。

本田期稻水象甲主要是幼虫在土中取食稻根，致稻株变黄，严重时整株枯死。成虫咬食稻苗近水面的心叶，受害叶长出后，出现一行横排小孔，遇风折断浮在水面上。展开叶片上的典型为害症状是沿叶脉纵向出现排列整齐均匀的缺绿条斑，似缝纫机扎出状。

稻水象甲是一种检疫性害虫，防治必须从加强检疫封锁工作做起。在农艺措施方面，适时晚移栽，培育健壮秧苗，尤其是返青期干湿交替管水，对减轻稻水象甲为害具有良好的效果。移栽后10天开始排干稻田水，保持湿润，经1周至10天后正常灌溉，可将产卵量减少到70%以下。多频振杀虫灯对稻水象甲有很强的诱杀作用，有条件的地区，可以采用。

药剂防治时间应掌握在成虫大量迁入稻田后且尚未

大量产卵前，针对幼虫的防治效果良好的药剂较少，施药也困难。因此，提倡以防治成虫为主。常用的防治药剂有：25%阿克泰水分散颗粒剂、5%锐劲特悬浮剂、0.3%呋喃丹颗粒剂等。

（三）二化螟的危害及其防治

水稻不同生育时期发生二化螟为害的症状表现是不同的。分蘖期受害，出现枯心苗和枯鞘；孕穗期至抽穗期受害，出现枯孕穗和白穗；灌浆期至乳熟期受害，出现半枯穗和虫伤株，秕粒增多，遇大风易倒折。为害初期，幼虫先群集在叶鞘内侧蛀食，叶鞘外面出现水渍状黄斑。后叶鞘枯黄，叶片渐死，称为枯梢期。幼虫蛀入稻茎后剑叶尖端变黄，严重的心叶枯黄而死，受害假茎上有蛀孔，茎内多黄色虫粪，孔外虫粪很少，稻秆易折断。

二化螟在辽宁稻区以四至七龄幼虫在水稻根茬、稻草及其他寄主植株内越冬，一年发生2代。6月下旬为一代幼虫孵化高峰期，一龄幼虫聚集在叶鞘内侧为害，造成枯鞘。二龄幼虫钻入稻茎为害，7月初见枯心，7月下旬可见到二代成虫。7月底到8月初是二代幼虫孵化高峰期，初孵化的幼虫先在叶鞘内聚集取食叶鞘组织，造成枯鞘。二龄后转移，分散钻入稻茎为害。8月中旬可见到二代幼虫造成的枯心与白穗。10月初，二代幼虫已多为四龄以上，进入越冬状态。辽宁省二化螟主要为害时期为7月下旬到8月上旬。

农艺措施主要有：水稻收割时齐泥低割、秋翻、春前处理完稻草等，杀死部分越冬幼虫，减少基数；在一代蛹高峰期深水灌溉1周，可大量杀死一代蛹，减少二代虫源。但在发生量大时，需要用药剂防治。药剂防治应掌握在卵孵化高峰期后一周左右施药，如等到幼虫钻入稻茎后，药剂将难以接触到虫体，使得一般药剂的防治效果不良。另外，防治二化螟应掌握防治指标，少量幼虫为害一般不影响水稻产量，尤其是一代螟为害时正值水稻分蘖，所为害的分蘖可由继续发生的分蘖补偿。一般以枯鞘率作标志进行防治决策，通常一代枯鞘率达3%以上时应进行药剂防治。

防治二化螟还得看稻田天敌的情况，寄生二化螟的天敌有很多，主要有卵寄生的赤眼蜂，幼虫寄生的绒茧蜂及捕食性天敌蜘蛛等。当天敌数量较大时，可适当放宽防治指标。常用防治药剂有25%阿克泰水分散颗粒剂、5%锐劲特悬浮剂、20%好年冬乳油、50%杀螟松乳油、农家乐乳剂（阿维菌素 B_1）、5%杀虫双颗粒剂、80%杀虫单可湿性粉剂、30%稻丰灵液剂、50%巴丹可湿性粉剂等。

（四）稻飞虱的危害及其防治

稻飞虱的种类较多，但对水稻为害严重的主要有褐飞虱、白背飞虱和灰飞虱三种。稻飞虱是以刺吸式口器吸食汁液为害水稻的。在南方稻区，稻株基部被害部位初期呈棕褐色斑，严重时稻株基部呈黑褐色，全株枯死、倒伏，有时可造成绝产。稻飞虱产卵时以锯形产卵管划破叶鞘，将卵产在被划破的叶鞘内。大量发生时，叶鞘被划得伤痕累累，引起倒伏而减产。

在北方稻区，抽穗以后发生的稻飞虱危害最大，会造成严重减产。此时的稻飞虱早晨多集中在稻穗上，其排泄物常将颖壳污染成灰黑色，类似于稻曲病孢子粉的污染。灰飞虱除直接为害外，还能传播水稻病毒病，如条纹叶枯病等。

稻飞虱属于迁飞性、偶发性害虫，每年7月上旬至8月上旬由南方稻区迁入辽宁稻区，对水稻的生长造成危害。由于稻飞虱来源于外地，只有密切监视田间虫量，才能制定合理的防治措施。一般是当田间虫量每穴达10只时开始防治。常用药剂有50%杀螟松乳油、50%巴丹可湿性粉剂、5%锐劲特悬浮剂、25%吡虫啉可湿性粉剂、59%杀虫双颗粒剂、80%杀虫单可湿性粉剂、45%马拉硫磷乳油等。

（五）稻螟蛉的危害及其防治

稻螟蛉在北方一年可发生3~4代，以“虫苞”（蛹）的形式在稻草、杂草中越冬，5月中旬始见越冬代成虫。一代幼虫在6月上中旬发生，主要为害水稻以外的其他植物。7月上中旬及8月中旬是第二、第三代幼虫发生的盛期，但对水稻危害较小。稻螟蛉初龄幼虫啃食叶肉，在叶面留下白色条纹。三龄后幼虫自叶缘啃食叶片，造成不规则缺刻，严重时叶肉被吃光，仅剩下中肋，影响水稻的生长发育，造成减产。

对稻螟蛉的防治一般是6~7月进行田检，如发现大量的白色被害条纹，结合防治二化螟、稻纵卷叶螟、稻蓟马等，用5%锐劲特悬浮剂、24%米满悬浮剂、20%三唑磷乳油、25%杀虫双水剂、50%杀螟松乳油、90%晶体敌百虫等进行药剂防治。

（六）水稻负泥虫的危害及其防治

负泥虫主要为害移栽后的水稻秧苗。成虫、幼虫均取食叶肉，留下叶脉和一层透明的表皮。被害叶上形成许多白色条斑，严重时全叶发白，焦枯或整株死亡。被害秧苗即使能复活，其后期生长和产量也会受到影响。

水稻负泥虫在北方稻区每年发生1代，以成虫在田边、路边等杂草间、浅土层内越冬，常几十头聚集在一起。5月上旬，越冬成虫开始取食杂草。6 月中下旬转移至稻田为害并产卵。7 月上旬是幼虫高峰期，为害水稻。

农业防治一般是冬春结合积肥，铲除路边、沟塘边等处的杂草，消灭越冬成虫。适时插秧，避开稻负泥虫的为害。化学防治可用 5% 锐劲特悬浮剂、50% 杀螟松乳油、50% 二嗪磷乳油、90% 晶体敌百虫、50% 锌硫磷乳油、25% 爱卡士（喹硫磷）乳油等，在幼虫盛发期喷雾。

（七）稻纵卷叶螟的危害及其防治

稻纵卷叶螟在北方稻区一年可发生 2～3 代，虫源主要来自南方，7 月上中旬初次迁入，7 月下旬出现成虫高峰。8 月上中旬再次迁入，田间出现卷叶现象。8 月中旬严重卷叶，对水稻危害最大。

稻纵卷叶螟幼虫吐丝将叶片纵卷成管状，舔食叶肉，被害叶片只留下一层皮。受害严重的田块呈现一片枯白，甚至抽不出穗来，造成水稻减产。

防治该虫一般采用农业防治、生物防治和药剂防治相结合的方法。农业防治包括选用抗虫良种，加强肥水管理，防止水稻前期猛发徒长和后期贪青晚熟。发生虫害严重的田块可在盛蛹期灌深水 2 天；生物防治主要是利用稻纵卷叶螟在自然界的天敌，如赤眼蜂等。有条件的地方可在成虫产卵盛期放赤眼蜂，卵寄生率一般可达 70%。在幼虫盛发时，可喷施杀螟杆菌或苏云金杆菌液防治；药剂防治常用 50% 锌硫磷乳油、50% 杀螟松乳油、25% 爱卡士（喹硫磷）乳油、90% 敌百虫、42% 特力克乳油、5% 锐劲特胶悬剂、10% 吡虫啉可湿性粉剂、5% 农梦特乳油、25% 杀虫双水剂等。

（八）稻蝗的危害及其防治

稻蝗在北方稻区每年发生 1 代，以卵块在田埂、田边荒地越冬。5 月下旬至 7 月上旬孵化，6 月上旬至 8 月上旬为若虫发生期。8 月上中旬为害较重。成虫期除为害水稻外，还到田埂、荒地草丛中取食、交尾和产卵。进入 10 月以后成虫死亡。稻蝗为害稻叶、嫩茎或幼穗，咬成缺刻或直接咬断茎秆或稻穗造成白穗。有时也咬食嫩谷粒。防治方法主要有：

（1）稻蝗喜在田埂、地头、渠旁产卵，重发区应组织人力铲埂或翻埂，对杀灭蝗卵有明显的效果。

（2）保护青蛙、蟾蜍，可有效抑制该虫数量。

（3）抓住三龄前稻蝗群集在田埂、地边、渠旁取食杂草嫩叶的特点，突击防治。当稻蝗进入三至四龄期并转入大田，百株有虫 10 头以上时，应及时喷洒 50% 锌硫磷乳油、50% 马拉硫磷乳油、20% 氰戊菊酯乳油、2.5% 功夫菊酯乳油、40% 乐果乳油、2.5% 氯氰菊酯乳油或 25% 杀虫双水剂等进行药剂防治，均有较好的效果。大面积发生时，则应采用飞防。

（九）稻潜叶蝇的危害及其防治

稻潜叶蝇为害水稻主要是幼虫潜入叶片内部取食叶肉，残留两层表皮，使叶片呈现白条斑。

东北地区一年发生 4～5 代，以成虫在水沟边的杂草中越冬。越冬成虫从 4 月末开始活动，第一代发生于 5 月上旬到 6 月中旬，第二代发生于 6 月上旬至 7 月上旬，主要为害直播田稻苗。7 月中旬到 9 月中旬又转回到灌排水渠内的杂草上繁殖第三、四代。9 月下旬至 10 月上旬羽化为成虫越冬。

对该虫的农业防治包括：平整土地，消灭高低不平带来的局部深水层；铲除田边、沟边、低湿地的禾本科杂草，消灭越冬代及第一代蛹、幼虫和卵，减少第二代的发生量；在稻潜叶蝇产卵盛期 7～10 天内，实行浅水灌溉，将水层控制在水稻“五股杈”以下，阻止成虫产卵和幼虫的侵入，并使幼虫转株为害时落水死亡；当田间幼虫已孵化且发生较重时，结合生产适当排水烤田，降低田间湿度，也具有较好的防治作用。

药剂防治一般是在成虫发生盛期每亩用2.5%敌百虫粉剂1.5～2.0千克喷洒，效果良好。对于处在孵化高峰或已潜入叶片的幼虫用40%乐果乳油、40%氧化乐果乳油、90%晶体敌百虫或50%敌敌畏乳油喷雾均可。

在插秧前1～2天用40%乐果或氧化乐果乳油、10%多来宝悬浮剂或25%杀虫双水剂对秧田普遍喷施，带药插秧，保证本田不受害。该法经济简便，效果较好。

第二节 草害防治技术

一、草害防除的基础知识

（一）稻田杂草的发生特点与具体防治

秧田杂草的种类很多，但危害较大的主要是稗草、莎草科杂草以及野慈姑、雨久花、眼子菜等恶性杂草。一般又以稗草的危害最为普遍和严重。稗草与水稻很难分清，不宜人工剔除，常常作为“夹心稗”移入本田。在秧田危害较为普遍的另一类杂草是莎草科杂草，如扁秆藨草、三棱藨草等，其块茎、地下匍匐枝发芽、生长得极快，不仅严重影响秧苗的生长，而且影响移栽时的起秧速度和质量。目前，北方稻区秧田育苗的形式主要有旱育苗和湿润育苗。育苗形式不同，所使用的除草技术也应不同。

（1）旱育秧田杂草化学防除的时候，首先是进行土壤封闭处理，即播种覆土后，将药剂加水配成药液，用喷雾器均匀喷洒于土表，直接触杀萌发的杂草幼芽与幼根，或者通过杂草根系的吸收传导，达到杀草的目的。选用的除草剂有每亩100毫升60%丁草胺乳油对水30升进行土壤喷雾；每亩100毫升50%优克稗乳油对水30升进行土壤喷雾；每亩用60%丁草胺乳油100毫升加12%恶草灵乳油100毫升对水40升进行土壤喷雾或每20平方米苗床用1.2%丁扑合剂250克对细潮土1.5~2升均匀地扬撒在床面上；其次是苗期茎叶处理。秧苗出土后如有杂草或者因为播种时药剂封闭不理想仍有杂草发生时，可以采用茎叶喷雾处理法，将药剂直接喷洒到杂草的茎叶上，通过茎叶的吸收杀死杂草。常用药剂有每亩200毫升96%禾大壮乳油对水40升，在稗草2~3叶期喷雾；20%敌稗乳油400毫升加96%禾大壮乳油100毫升，在稗草2~3叶期喷雾；50%二氯喹啉酸25克加20%敌稗乳油350毫升，在水稻秧苗2叶期之后茎叶处理（2叶期前处理易产生药害）。

（2）湿润育秧田杂草化学防除主要是在播种、营养土覆盖之后进行，先用喷雾器将配好的除草剂喷施于床面，再覆膜。常用除草剂有每亩100~115毫升30%扫第特对水喷雾或者拌土扬撒；每亩150毫升30%杀草丹乳油对水喷雾；每亩100毫升60%马歇特乳油对水喷雾。

秧田化学除草应注意做到床面平整无积水，覆土严密不漏种，用药量准确，不得随意增加用量，不在大风、高温或低湿时用药。

（二）移栽水稻的杂草特点与有效防除

移栽田的稻根入土有一定的深度，抗药性强。但其生育时期较秧田长，气温适宜，杂草种类也较多，且交替发生。因此，施用药剂的种类和适用期也不同。以种子繁殖的一年生杂草因水层隔，在1厘米以内表土层中的种子才能获得足够的氧气而萌发。一般这类杂草在水稻移栽后3~5天萌发（稗草先萌发），1~2周内达到萌发高峰期。而以根茎繁殖的多年生杂草，由于根茎分布较深，有的可达10厘米以上，因此，出土高峰多在移栽后的2~3周。

根据各种水稻移栽田杂草的发生特点，化学防除策略是狠抓前期，控制中、后期。通常是在移栽前或移栽后的初期采取毒土处理，在移栽中、后期采取毒土处理或喷雾处理。前期（移栽前至移栽后10天）以防治稗草及一年生阔叶杂草和莎草科杂草为主。中、后期（移栽后10~25天）则以防治扁秆藨草、眼子菜等多年生莎草科杂草和阔叶杂草为主。具体施药时期和方式有移栽前封闭、移栽后前期毒土处理和移栽后中期毒土或喷雾处理三种。

在水稻本田施用的除草剂，除要求必须撤干水层直接喷洒到茎叶上的几种除草剂外，其他的除草剂都应在保水的条件下进行，且应保持水层5~7天，缺水时应补灌至适当深度。

水稻移栽前施用除草剂多在拉板耢平时，将已配制成的药土、药液或原液就混浆水分别以撒施法、泼浇法或甩施法施到田里。撒施药土的用量为每亩20千克，泼浇药液的用量为每亩30升。

排草净、恶草灵、丁恶混剂和莎扑隆等在移栽前施用比在移栽后施用效果好而且安全。因为移栽前施用可利用拉板耢平将药剂施匀，并附着于泥浆土的微粒上下沉，形成较为严密的封闭层。但施药时要保持水层，这样才有利于药剂的均匀扩散。一般施药24~48小时后插秧。

移栽后初期封闭土表的处理方法也已被广泛应用。移栽后初期是各种杂草种子的集中萌发期，此时用药容易有显著的效果。但这一时期又恰是水稻的返青期，秧苗正处于缓苗阶段，生长势和抵抗力较弱。因此，此时使用除草剂，技术要求严格，否则易产生药害。

施药时期一般在移栽后5~7天，还应根据不同药剂的特点、不同地区的气候特点，适当提前或延后。药剂安全性好或施药时间气温较高，杂草发芽和水稻返青扎根较快时，可以提前施药；反之，则适当延后。施药方法以药土撒施或药液泼浇为主。大部分除草剂还可以结合追肥掺拌在化肥中撒施。

水稻移栽后的中、后期，如有稗草、扁秆藨草、三棱藨草及野慈姑、眼子菜、鸭舌草、矮慈菇等一些阔叶杂草，可于分蘖盛期至末期施用除草剂进行防治。

（三）稻田除草剂的药害及其合理使用

在水稻的生产中，由于除草剂的误用、过量使用、使用时期不当、长效除草剂残留或土质与人为管理不当等方面的因素，经常发生药害。引起除草剂药害的常见原因与表现如下：

（1）由于在低温、深水灌溉、稻株发育不良的条件下使用激素型除草剂，如2甲4氯、2，4-D丁酯等，易使水稻葱管叶，根系生长及分蘖受到抑制。

（2）在高温或沙土及沙壤土吸附能力小的田块、透水不良的极端还原态水田、极端浅水或深水、弱苗或稻株发育不良的条件下使用均三氮苯类除草剂，如西草净、扑草净、戊草净等，易造成水稻从下叶由叶尖开始枯黄，抑制分蘖，主茎新叶枯黄，进而全株枯死。

（3）秧田不平或直播田田间积水时应用酰胺类除草剂，如扫茀特、丁草胺、瑞飞特等，易造成水稻的幼芽扭曲、弯曲呈钩状。

（4）酰胺类除草剂在漏水田、浅水浅栽、29℃以上极端高温与温度剧变条件下施用，水稻可产生严重的矮化、生长与分蘖受到抑制等药害症状。酰胺类除草剂，如敌稗等，施药前后10日内使用有机磷类及氨基甲酸酯类农药，稻株会产生叶尖枯黄凋萎并迅速蔓延至整个叶片而枯死。过量使用农思它，水稻会呈现叶片斑枯、心叶枯死、生长受严重抑制等症状。

预防药害发生的重要措施是避免过量使用。应根据土壤与气候条件调节好用药量；正确掌握用药适期，调节好喷雾器械，均匀喷雾；施用长效除草剂后，合理安排后茬作物；在杀草丹中加入甲氧基酚酮或BNA-80，防止发生脱氯反应，避免水稻矮化。

（四）水田除草剂的常见药害

随着水田除草剂使用技术的逐渐成熟，农民基本上都能掌握使用方法，在正常情况下使用常规除草剂是不会产生药害的。但在除草剂过期、应用不当或超量时，也会出现药害，影响水稻的生长发育，有时甚至会造成大幅度减产。下面介绍几种常见的水田除草剂的药害症状：

（1）丁草胺药害轻微时植株矮缩，叶色褪绿，分蘖受抑制。药害严重时，植株矮缩，叶片呈深绿色，新叶卷曲不展开，产生葱状叶；无分蘖或新生分蘖受葱状叶包裹而不能抽出，在分蘖节处扭曲横向生长，使分蘖节处变粗、变形。重度丁草胺药害还可使叶片枯黄泛红，无分蘖。

（2）农得时（苄嘧磺隆）和草克星（吡嘧磺隆）轻度药害植株稍矮，叶色稍褪绿；中度药害植株矮缩，叶色褪绿变黄，叶鞘有褐斑；重度药害植株严重矮缩、叶色褪绿、叶片枯黄，分蘖停止。

（3）苯噻酰草胺轻度药害植株矮缩，叶片稍褪绿。药害严重时植株矮缩，叶色明显褪绿。苗期药害则表现为植株严重矮缩，叶色深绿，生长停滞。

（4）敌稗和快杀稗（二氯喹啉酸）轻度药害植株明显矮缩，叶色发黄，心叶不能抽出，分蘖受到抑制。敌稗药害严重时叶片褪绿，部分老叶枯黄；而快杀稗药害严重时叶色变深绿，心叶呈葱状。

（5）农思它（恶草酮）和禾大壮（禾草特）轻度药害植株矮缩，叶色褪绿变黄，分蘖受到抑制。农思它药害严重时叶鞘上有褐斑，老叶和叶鞘明显枯黄；而禾大壮药害严重时心叶伸展受抑制，不能抽出。

（五）秧田和本田稗草的有效防除

播种期稗草的防除：覆土后盖膜前，每亩用60%丁草胺乳油100毫升加12%农思它乳油100毫升或25%农思它乳油50毫升对40千克水喷雾；或每亩用40%除草醚400毫升或50%（对位）杀草丹乳油300~400毫升兑40千克水喷雾。

秧田期稗草的防除：每亩用20%敌稗乳油250~350毫升与96%禾大壮乳油150毫升混合，对40千克水喷雾；或每亩用96%禾大壮乳油150毫升加48%苯达松100毫升，对40千克水，撤水层后喷洒，1天后复水。

本田稗草防除时每亩用50%排草净乳油75~150毫升加20千克细潮土拌匀或对水20千克，插前3天撒、泼；或每亩用60%丁草胺50~100毫升加25%农思它乳油25~50毫升加20千克细潮土拌匀或对水20千克，插前2天撒、泼（黑龙江寒地稻作区除外）；或每亩用60%灭草特乳油50~100毫升加12%农思它乳油50~100毫升或25%农思它25~50毫升对20千克水或拌20千克细潮土，插后3~7天泼、撒；也可用96%禾大壮乳油每亩150~250毫升兑20千克水或20千克细潮土，插后5~10天内泼、撒；或每亩用50%快杀稗可湿性粉剂40克，插后7~10天茎叶喷雾处理。

在黑龙江寒地稻作区，每亩用50%瑞飞特50~75毫升插前3~5天施药或用50%瑞飞特50~75毫升加15%太阳星15克插后15天施药，对稻稗防效可达98%以上，对水稻安全性好。

二、稻田杂草的防除方法

（一）牛毛毡的危害及其防除

牛毛毡俗名松毛蔺、猫毛草，属莎草科多年生沼生杂草，多生于稻田及其周围湿地或河滩处，与异型莎草、细鳞扁莎等伴生，在水稻生长中后期危害水稻。牛毛毡个体虽小，但繁殖力强，蔓延速度极快，在水田发生后很快形成一层“绿色地毯”，与水稻争温、争水、争肥，严重影响水稻生长。化学防除一般是在水稻分蘖盛期（插秧后15~20天）。主要方法有：

（1）每亩用48%苯达松水剂100~200毫升加20千克水喷洒，喷药前撤干水层，喷药后1天复水。

（2）每亩用70%2甲4氯钠盐50~100克加水20千克水喷洒，喷药前撤干水层，喷药后1天复水。

（3）每亩用70%2甲4氯钠盐50克加48%苯达松水剂100毫升加20千克水喷洒，排干水层后施药，用药后1天复水。此法比单用苯达松成本低，比单用2甲4氯安全。

（二）野慈姑的危害及其防除

野慈姑主要在水稻分蘖盛期发生。选用下列药剂之一，对20千克水或加细潮土20千克拌匀，撤干水层后喷施或撒施，24小时后复水，均有较好的防效。

每亩用48%苯达松水剂70~100毫升、70%2甲4氯钠盐30~50克、46%莎阔丹水剂133~167毫升（有效

成分61～77克）、50%捕草净粉剂50～100克、25%西草净粉剂100～200克、25%西草净粉剂70～100克加96%禾大壮乳油150克、78.4%禾田净乳油150～300毫升，拌细沙或细潮土撒施。

（三）扁秆蔗草和蔗草的危害及其防除

根据扁秆藨草、藤草的发生特点，选择的防治时期和采取的常用方法有：

（1）插秧前防除杂草要在稻田春整地后每亩用50%莎扑隆可湿性粉剂200～300克或12%农思它乳油100毫升，毒土法施药，保持水层5天后插秧。

（2）插秧后防除杂草要视具体情况而定。插秧后7～9天每亩用30%威农可湿性粉剂15克，毒土法施药，保持水层5天；插秧后25天用30%威农可湿性粉剂15克，毒土法二次施药。

（3）在水稻有效分蘖末期至穗分化期防除杂草可每亩用38%欧特可湿性粉剂10～12克或46%莎阔丹水剂133～167毫升（有效成分61～77克），喷液量15～40升，喷药前一天撤水，施药24小时后复水，保持水层5天。

（四）水绵的危害及其防除

根据水绵的发生特点，一般采用下列防除措施：

（1）移栽后7～15天每亩用10%太阳星水分散粒剂15克或26%米全可湿性粉剂60克，采用毒土法施药，施药后保持水层5天。

（2）移栽后7～9天每亩用96%晶体硫酸铜粉每250克对水均匀泼浇在田内，施药后保持水层5天。

（3）在水稻田水绵盛发期，用干燥的草木灰扬撒于水绵发生的点片，撒后要求保水5天。

（五）稗子菜的危害及其防除

根据北方水稻田稗子菜发生的特点，可采用的具体防除措施有：

（1）插秧前5天每亩用50%排草净乳油100～125毫升或10%农得时可湿性粉剂30～40克对水后，以摘掉喷头的喷雾器均匀喷洒于稻田水层中（3～5厘米），施药后保水5天。水稻插秧后每亩用50%排草净乳油75～100毫升或10%农得时可湿性粉剂30～40克毒土法施药，保持水层5天。

（2）稗子菜在5叶期以前，叶片由红转绿时，每亩用25%西草净可湿性粉剂125克毒土法施药，保持水层3～5厘米，注意水层不宜过深。

（六）稻李氏禾的危害及其防除

稻李氏禾又名秕壳草，为多年生草本植物，具地下横支根茎和匍匐茎，株高90～120厘米，秆基部倾斜或伏地，叶片披针形，花序圆为锥状，分枝细、粗糙，并可再分小枝，下部1/3～1/2无小穗；小穗含1花，矩圆形，长6～8毫米，具0.5～2.0毫米小柄；颖缺，外稃脊上和两侧有刺毛，内稃具3脉。

稻李氏禾以根茎和种子繁殖。种子和根茎发芽，气温需稳定到12℃，在黑龙江地区，5月中旬出苗，6月中旬分蘖，6月下旬拔节，7月下旬至8月上旬抽穗、开花，8月下旬至9月上旬颖果成熟。稻李氏禾繁殖力较强，大约每株可产生8～14个分蘖，每穗可结150～250粒种子，地下根茎20厘米左右有7～8个节芽。

稻李氏禾通常生于河边、湖边，属湿生杂草。由于近几年水稻栽培采用浅—湿—干灌溉，造成其侵入水田，每平方米有稻李氏禾80株，可使水稻减产80%；有100株以上，可使水稻减产90%，甚至绝产。

防治稻李氏禾需采取综合措施，才能有效控制其发生危害。在实行秋翻整地，清除田间根茬；秋后拔除田间大草，防止形成新的种源；及时清除池边沟渠的稻李氏禾，避免外来种源侵入等措施的同时，要进行药剂防治：

（1）每公顷可用5%韩乐天乳油900～1050毫升，于水稻缓苗后，稻李氏禾3～5叶期茎叶喷雾处理，喷雾时排干稻田水，施药后1～2天灌水5厘米，保水5～7天，对稻李氏禾的防治效果可达95%以上，同时可兼防稻稗、匍茎剪股颖、三棱草等杂草。

（2）也可采用20%莎多伏水分散粒剂两次施药的方法，对稻李氏禾的防效可达85%以上，同时可兼防三棱草、野慈姑、泽泻、雨久花、萤蔺等杂草。插秧前施药：在整地结束后，每公顷用20%莎多伏150克加杀稗剂混用，采用毒土或毒砂法，插秧时不要换水；插秧后10～15天每公顷施20%莎多伏150～225克，施药时水层为3～5厘米，采用毒土、毒肥或茎叶喷雾法施药，施药后保水5～8天，如水不足时缓慢补水，但不能排水。插秧后施药：插秧后5～7天每公顷用20%莎多伏150～225克与杀稗剂混用，隔10～15天每公顷用20%莎多伏225克，施药方法和水层管理同上。

（3）可在6月10～15日根茎芽长出5～10厘米时，每公顷用农美利300～375毫升加展着剂喷雾；也可用1%乐天，每公顷4500～6000毫升喷雾。

（4）每亩用50%神锄Ⅱ号可湿性粉剂40克，在水稻移栽后5～15天喷雾。施药前一天要排水，使杂草露出水面，施药后1～2天放水回田，保持3～5厘米水层5～7天，对稻李氏禾也有较强的抑制作用，防效可达98%。

（5）直播田施药：晒田后复水1～3天，每公顷用20%莎多伏150～225克，与杀稗剂混施；隔10～15天以后，每公顷再施一次20%莎多伏150～225克，施药方法和水层管理同上。

（七）杂草稻的危害及其防除

杂草稻也叫“杂草型稻”或“稻的杂草种系”，是稻田中一种不种自生、没有经济价值的稻，国外学者称之为“伴生型杂草”。杂草稻一般表现为与野生稻相似的特性，如颖壳黑色、种皮红色、落粒自生等。各地对杂草稻的叫法也不同，有的地方叫“风粳子”“落粒稻”，有的地方叫“秜稻”“橹稻”或“捐稻”，也有的叫“稻”。总之不是经过人为耕种而自然产生的。近些年来北方稻区均有不同程度的发生。

杂草稻的危害主要有以下几点：一是影响水稻产量，使水稻减产减收；二是增加种稻成本，浪费人力物力；三是影响稻米的商品价值。杂草稻种皮为红褐色，混有这种米的稻米影响内销和外贸，对水稻生产影响很大。

北方杂草稻的来源自今尚不清楚。早在新中国成立前后虽有发生，但后来经过精耕细作，生产上已不见有杂草稻危害。20 世纪 80 年代以后，杂草稻又开始发生，并逐年加重，在各稻区形成早、中、晚熟三种类型，它们的共同特点是：幼苗期长势弱，种子发芽比栽培稻慢，3 叶期以前生长细弱，叶色淡，有的叶缘呈波状；中后期生长发育快，在同等条件下出叶速度比栽培稻快 2 天左右，节间长度也比较长；抽穗后灌浆速度快，成熟早，口松，易落粒，收割前大部分落入田间，部分混入粮食中；种子抗寒性强，落入田间的杂草稻谷虽经冬春雨雪侵蚀和低温冷冻，出苗率仍较高，可达 50% 左右，秋旱年份的比秋涝的年份越冬率更高。

关于杂草稻产生的原因，至今尚无定论。目前基本上有三种看法：一是由野生稻与栽培稻渐渗杂交而来；二是由籼、粳稻亚种间杂交而来；三是由古老的品种分化而来，有人称之为返祖现象，也有人认为是大量使用化学除草剂和激素类化学农药，致使水稻基因突变产生的结果。杂草稻产生的原因虽不清楚，但有一点是可以肯定的，即杂草稻是引种时随种子传播的，因不注意防除而猖獗泛滥。

防除杂草稻时首先应该充分认识杂草稻危害的严重性，加大力度采取综合措施根除杂草稻。生产上应抓好以下几点：

（1）建立无杂草稻的种子田。繁种单位在整地、育苗、田间防除等各个环节上都要严格操作。种子入库前要严格检查，发现有杂草稻的种子要坚决报废，不能进入种子市场或自行串换。种子管理部门也要在繁种的不同环节定期检查，严格把关。

（2）坚持水田秋翻深耕整地。秋翻地是水田熟化土壤、防治病虫草害、减轻杂草稻危害的一项综合增产措施。连年旋耕是不可取的，至少也要旋2～3年后深翻一年，坚持翻旋结合，轮流进行。

（3）育苗营养土和覆盖土最好取自园田或旱粮田。如果用水田土，则要用高温发酵法配制，防止育苗土中带有杂草稻种。

（4）移栽前用化学药剂封闭。移栽前用农思它、富龙等封闭灭草，可有效地防除杂草稻，一般效果在65%～70%。但各地选药时必须首先试验，确定药剂选择、施用量、安全施用时间等，既要安全，又要起到防除杂草稻的作用。施药时间应在移栽前5～10天。

（5）加大人工拔除力度。人工拔除是彻底根治杂草稻的重要措施之一。从苗田到本田多次进行，出穗后进行一次检查。只有这样才能彻底根治杂草稻。

三、除草药剂的合理使用

（一）丁草胺的作用及其施用方式

作为一种高效除草剂，丁草胺的防除对象是以种子萌发的禾本科杂草，一年生莎草和一部分一年生的阔叶杂草（如稗草、千金子、异型莎草、碎米莎草、牛毛毡、水苋菜、陌上菜等），另外还对鸭舌草、节节草、尖瓣花和萤蔺等杂草的预防效果也很好。但是对部分多年生的杂草如水三棱、野慈姑等并没有明显的效果。丁草胺的正确施用方式为：

（1）在水秧田或者旱地直播田整地作业之后，将要播种前2～3天内施用。具体用量是每亩45～60克。将其对水50千克稀释后，喷洒在田地表面。喷雾药剂时要保证稻田存在浅水层，喷洒后保水2～3天之后排掉水就可以进行播种了。或者可以在播种后3～5天，秧苗立针期时进行喷洒。依然是每亩用丁草胺45～60克，对水25～50千克稀释后均匀喷洒于稻田上，此时也应该尽量保有水层，以保证除草效果。

（2）对于移栽的水稻稻田，则要选择在插秧后3～5天，即稗草萌动高峰期时进行施用，每亩稻田用丁草胺45～60克（黑龙江寒地稻作区除外），采用毒土法喷洒，撒施时要保持田间灌浅水层，施药后继续保水5～6天。对于多雨久花等阔叶类杂草的稻田，可适当加大药量。可将丁草胺与2甲4氯同时使用，或将丁草胺与10%农得时同时施用。使用毒土法或喷雾法除草，施药时间可相对推迟两天。

（二）威农的作用及其施用方式

威农作为一种高效除草剂，其具有高效性和较广的适用性。可用于多种杂草的防除。如雨久花、野慈姑、慈姑、矮慈姑、泽泻、眼子菜、节节菜、窄叶泽泻、陌上菜、日照飘拂草、牛毛毡、花蔺、萤蔺、异型莎草、水莎草、碎米莎草、扁秆藨草、藨草、小茨藻、四叶萍、水马齿、三萼沟繁缕等。同时，它还具有良好的抑草作用，使用后可以抑制稗草、稻李氏禾、狼把草、日本藤草等的生长速度，起到保护秧苗的作用。威农的施用方法如下：

（1）在插秧前5～7天时施用一次。每亩秧田用30%威农10克加30%阿罗津40～50毫升或10%艾割10～15毫升混合后施用；插秧后10～15天，当稻田的扁秆藨草株高达到4～7厘米时再次施用。每亩稻田用30%威农10～15克加30%阿罗津40毫升或10%艾割10～15毫升或80%稻思达4克，或60%马歇特80～100毫升或96%禾大壮100毫升混合后施用。插秧前后分别喷施的办法可以达到更好的除草效果。

（2）移栽田换秧后也要进行分期施药。移栽田插秧后5～8天，当水稻苗长势较好时每亩用30%威农10克加30%阿罗津60毫升或10%艾割15～20毫升或96%禾大壮100～133毫升或者50%快杀稗30～40克混合使用。秧苗初次施用后间隔10～15天，直到扁秆藤草长到4～7厘米高时，再次使用30%威农10～15克实行二次喷洒。

（3）直播田要分期施药。播种作业后5～6天内进行第一次施用，每亩秧田使用30%威农10克对水喷洒。晒田灌水3～5天后，就可以进行再次施药了，每亩稻田使用30%威农10～15克加96%禾大壮100～133毫升，或者和50%快杀稗30～35克混合使用。

（4）直播田晒田后分期施药。稻田晒田复水后1～3天，每亩使用30%威农10～15克外加96%禾大壮100～133毫升对水后混合施用；两次施药要间隔进行。第一次施药后10～20天，等到扁秆藨草、日本藨草植株长到4～7厘米时，再次施药，每亩用30%威农10～15克对水后施用。

采用毒土、毒砂法施药时可以将威农与马歇特（丁草胺）、禾大壮、阿罗津、艾割等混用，施药后要保证有3~5厘米的浅水层，但值得注意的是水层的高度以不淹没水稻心叶为宜，施药后让稻田保持7~10天的自然状态。威农与快杀稗混用时，要在施药前2天内放水干田，如果用喷雾法施药，则要在施药后2天内放水回田，施药后保持3~5厘米的浅水层，静置稳定7~10天。

在稻田里连续两次施用威农不但可以防治顽固的扁秆蔗草、蔗草等多年生莎草科杂草，而且同时还可以有效地防除萤蔺、眼子菜、古精草、野慈菇、泽泻、雨久花、小茨藻等稻田杂草。

（三）智多欣的作用及其施用方式

利用喷施智多欣来防除水田一年生禾本科杂草和一些多年生阔叶杂草，水田稗草效果显著。同时，当稻田的鸭舌草、泽泻、萤蔺、四叶萍、节节菜、狼把草、野慈姑、矮慈菇、牛毛毡、日照飘拂草、疣草等杂生较多时，也可以施药进行有效的防除。水稻田里的三棱草一般很难防治，但是当其着生密度较低时，也可以用智多欣来进行防除。智多欣的具体施用方法如下：

（1）喷雾施药要在水稻移栽后5~7天时进行，这是的稻田稗草大约长到了1~1.5叶，这时是施药的最佳时期。施药前24小时内要做好稻田的排水工作，施药后24小时内要恢复灌溉，施药后5~7天要继续保水。

（2）毒土施药要在稗草1~1.5叶期时进行，施药后5~7天内要持续保水，即可达到防除效果。

（四）农思它的作用及其施用方式

农思它的主要防治对象是稗草、雨久花、节节菜、矮慈菇、泽泻、水苋菜、牛毛毡鸭舌草、萤蔺、鸭跖草、日照飘拂草、小茨藻等多种一年生杂草和一部分多年生杂草。其具体施用方法是：

（1）当用于水稻移栽田的杂草防治时，最适合的使用时期是水稻移栽前，即耙地之后进行操作。耙地之后趁着灌溉的水比较浑浊，把12%农思它乳油适量直接甩施在秧田里或者也可以用25%农思它乳油每亩15升对适量的水配成药液后再进行均匀泼浇。秧田的施药与插秧期不可以同步进行，在时间上至少要间隔2天。或者也可以每亩用12%农思它乳油200～250毫升或25%农思它乳油100～120毫升（有效成分要达到24～30克），或每亩用12%农思它乳油100毫升和60%丁草胺乳油80～100毫升［有效成分不低于12克+（48～60）克］兑适量的水配成药液后全田泼浇。

（2）对于旱地直播的水稻田，要在播种之后秧田为长出之前或者在稻苗长出一个心叶、田地的杂草长到1.5叶期左右进行喷施。采用每亩地使用25%农思它乳油100～200毫升（有效成分25～50克）或25%农思它乳油70～150毫升加60%丁草胺乳油70～100毫升［有效成分不低于（175～375）克+（42～60）克］，然后兑水45～60升配成药液后进行全田均匀喷施。

（五）草克星的作用及其施用方式

草克星具有杀草范围大、药效稳定、安全系数高等特点，一般施用与水稻秧田、直播田及移栽田，它可以用来防除一年生和多年生杂草，如异型莎草、水莎草、萤蔺牛毛毡、鳢肠、泽泻、水芹、节节菜、矮慈菇、野慈姑、鸭舌草眼子菜陌上菜扁秆藨草等，小龄稗草生长的作用也比较强它的具体使用方法如下：一般在秧田播种至秧苗3叶期时使

用，具体用量是每亩用 10% 草克星可湿性粉剂 15 ~ 20 克，对水 40 千克后进行全田喷施。如果稻田稗草丛生严重，就应该在稻田播种后就进行喷施。在药量的施用上，也应该按照最大剂量使用，如果最大剂量使用的效果仍不理想，就要进行混合施喷。具体做法是在水稻生长旺盛的 2 ~ 3 叶期，用其最大剂量和 50% 二氯喹啉酸 20 克混合对水后施喷。

移栽田使用的最佳时期是水稻移栽后 3 ~ 7 天，这时每亩使用 10% 草克星可湿性粉剂 10 ~ 14 克，拌入土中，然后全田均匀施撒。防除稻田稗草必须选择在 1 叶 1 心期前用药。稗草丛生特别严重的稻田，就应该采用混合用药的方法进行。在此基础上另加 50% 二氯喹啉酸 20 克，然后进行毒土撒施，或者与 60% 丁草胺乳油 65 ~ 85 毫升混合后进行施用。如果需要，此药（0.07%）还可以与苯噻草胺（3.5%）、喹草酸（0.9%）、丙草胺（1.5% ~ 2.0%）、草达灭（0.7%）等多类除草剂混合施用，以加强药效，起到更好的防草作用。

（六）莎多伏的作用及其施用方式

莎多伏的主要防除对象是水田中的水苋菜、圆齿尖头草、异型莎草、花蔺、萤蔺、浮叶眼子菜、藨草、扁秆藨草、绯红水苋菜、尖瓣花、水生田繁缕、慈姑属杂草鳢肠、水虱草、牛毛毡、三蕊沟繁缕、丁香蓼、眼子菜、鸭舌草、碎米莎草、水尤、节节菜、针蔺和三叶慈姑、瓜皮草等杂草。其具体使用方法是在插后 10 ~ 15 天用莎多伏 6.5 克，采用毒土法全田撒施，施药后持续保水 5 ~ 7 天。

（七）二氯喹啉酸的作用及其施用方式

二氯喹啉酸的主要防除对象是稻田稗草，它可以有效地作用于鸭舌草、水芹、田菁、田皂草、决明、臀形草，也可适当用于防除牵牛类杂草，但是不可用于莎草科杂草的防除。黑龙江寒地稻作区的实际情况不适宜使用该药，购买时要特别注意。

（1）此药的适宜用药时期是秧田及水直播田稻苗3~5叶期，稗草1~5叶期内，此时每亩稻田使用50%可湿性粉剂20~30克，对适量水后，当稻田基本保持湿润状态时施用，用药之后24~48小时内就可以恢复灌溉了。如果在稗草5叶期后施用，则应该适当加大用药剂量。

（2）在旱作直播田使用该药时，要选在直播前每亩使用浓度为50%的可湿性粉剂30~50克对水50千克后全田喷施，如果能在秧田出苗后至2叶1心期施药，就能达到最佳的效果。药效的发挥需要湿润的田地环境，施药后的田地要尽可能有浅水层或者比较湿润。

（3）此药如果用于移栽本田的施用，一般在栽植后就可以施药，最佳时期是移栽后5~15天，每亩使用50%可湿性粉剂30~50克，对水40千克制成溶液，待排干稻田积水后，进行喷施。施药后保持稻田的浅层水，这样就不但可以用来防除散稗，而且可以起到很好的防除夹棵稗的作用。

（八）苯噻草胺的作用及其施用方式

苯噻草胺又称环草胺，实施喷洒可以对禾本科杂草，对稗草产生很好的防除效果，有效喷施可以全部杀死3叶期前的稗草。对泽泻、牛毛毡、鸭舌草、异型莎草、节节菜、扁穗莎草和多年生水莎草等也防治作用显著。

具体的用药方法：移栽稻田施药有多期选择，可以在移栽后3~

10 天即稗草 2 叶期，也可以在移栽后 3 ~ 14 天即稗草 3 叶或 3.5 叶期灌水撒施。每亩使用 4% 苯噻草胺颗粒剂 2 ~ 5.3 千克对适量水后进行喷洒。苯噻草胺的施用量并不是一成不变的。用药量会随着稗草叶龄的大小增加，稗草 1.5 叶、2.5 叶、3.5 叶、4 叶期，其相应的施药量分别是每亩有效成分 35 克、66.7 克、100 克、133.3 克。

（九）扫茀特的作用及其施用方式

扫茀特可以用于多种水田杂草的防除，如常见的鸭舌草、千金子、异型莎草、日照飘拂草、稗草、节节菜、萤蔺、牛毛毡、水苋菜、窄叶泽泻、茨藻等，但不适用于矮慈菇、野慈姑、眼子菜、水芹、绿藻等防治。作用于多年生扁秆藤草、荆三棱草时效果很差。

其具体使用方法是：秧田每亩使用浓度为 30% 的扫茀特 75 ~ 100 毫升（其中含有效成分 22.5 ~ 30 克对水喷洒）；在水稻直播田每亩使用此药 100 ~ 115 毫升（其中含有效成分 30 ~ 34.5 克）对水后全田喷洒。扫茀特中的药效主要通过水稻的根系发挥，所以施用此药的水稻直播田和育秧田必须使用催芽后的稻种进行播种，且必须在在播种后 1 ~ 4 天适时施药，这样才可以更好地保证水稻的安全生长。如果要在大片稻田用药，可以选择在水稻立针期后用药，这样可以保证有效成分的安全吸收。丁草胺用于抛秧田防草时安全可靠，稻田抛秧后 3 ~ 5 天内就可以施药。扫茀特使用时一般要对水喷雾，每亩约需对水 30 升，要选择稻田有泥皮水或浅水层时进行喷施，施药后一般要保水 3 天，促进药效的均匀扩散和吸收。用药的最佳时期是“水稻扎根后”和“稗草 1.5 叶前”这两个时间段。

（十）太阳星的作用及其施用方式

太阳星的适用范围是一年生阔叶杂草、藻类及莎草科杂草，如鸭舌草、蔗草、扁秆藨草、水绵、野荸荠、水苋菜、水莎草、青苔、飘拂草、碎米莎草、泽泻、节节菜、萤蔺狼把草鳢肠、谷精草四叶萍、雨久花、牛毛毡、小茨藻、眼子菜、野慈菇等。

其具体使用方法是：北方移栽稻田、直播田每亩用量为 10～15 克，喷洒前先溶解在少许水种，待药剂稀释再混拌在细沙土中，混拌均匀后撒到保水 3～5 厘米浅水层的稻田中。施药后 7～10 天内，田间保持灌溉，但不要排水，延长药剂的作用时间，用此法喷药，插秧田和抛秧田要选在在移栽后 10～20 天，直播田要选在在秧苗 2～4 叶期，稻田排水后用药，用药后 2 天恢复灌溉管理。该药剂与阿罗津、禾大壮、丁草胺混用或与二氯喹啉酸混用，都可以扩大灭草范围。

（十一）苯达松的作用及其施用方式

苯达松可以有效地作用于多年生深根性杂草如矮慈菇、萤蔺、三棱草等，对水稻苗的危害较小。可用药于水稻直播田、插秧田。其具体施用情况视杂草类群、气候条件、水稻生长期的不同而发生变化。在稻田直播田播种后 30～40 天，杂草 3～5 叶期、插秧后 20～30 每亩使用苯达松 48% 液剂 133～200 毫升或者浓度为 25% 的苯达松水剂 300～400 毫升（其中有效成分 64～96 克），对水 30 升后全田喷施施药后 4～6 小时药剂可渗入杂草体内。要先把田水排干使杂草全部露出水面后再施药，在时间的选择上，则应该选高温、无风的晴天，喷药 1～2 天后才可以恢复灌溉，进行正常的水管理。该药对于莎草科杂草和阔叶杂草效果显著，但用于稗草时则无明显的药效。当遇到稻田稗草和三棱草都严重的情况，则可以和其他除草剂混合或先后施用。

（十二）2甲4氯钠盐的作用及其施用方式

2甲4氯钠盐对于水田三棱草、泽泻、野慈菇、鸭舌草、及其他阔叶杂草的防除作用明显。

其具体的使用方法是：在7月上旬，东北稻区防治日本藨草和阔叶杂草时，移栽稻田分别使用2甲4氯钠盐有效成分每亩50～70克和30～60克，对水后施药。如果在移栽后3周，用此药与敌稗（其有效成分分别为21克和150克）混用，加水15～30千克后喷施，则具有对荆三棱草和稗草的防治作用。实践也证明2甲4氯钠盐与苯达松混用的方法是行之有效的。在秧田三棱草高达10～30厘米时，每亩加入浓度为48%的苯达松水剂100毫升（有效成分分别为20克和48克）对秧苗的茎叶进行处理，其效果十分显著。为了高效防除直播稻田的稗草和小三棱草，可以在稻苗2～3叶期时每亩使用浓度为20%的2甲4氯钠盐水剂50～75毫升、浓度为20%的敌稗乳油400～650毫升、浓度为40%的除草醚乳粉25～50克，混合后加水施用。此法一般适合在稗草处于2叶期时，使用，此时的防除效果相对较好。如果用药时稗草超过3叶，就应该是具体情况加大药量。

（十三）丁·苄的作用及其施用方式

丁·苄主要对水稻本田稗草、节节菜、丁香蓼、瓜皮草、异型莎草、水苋、陌上菜、母草、泽泻、牛毛毡、鸭舌草、四叶草、眼子菜、水莎草、水苋、陌上菜、慈姑等具有防除作用。

其具体使用方法是：在水稻移栽后4～7天，水稻秧苗基本苏醒之后，每亩使用丁·苄40～60克拌入5千克的细潮土或其他定量的追施肥料中混合后均匀施撒。

（十四）丁·西的作用及其施用方式

丁·西合剂的主要作用范围是异型莎草、矮慈菇、鸭舌草、眼子菜、牛毛毡、慈藻、碎米莎草、野慈姑、沟繁缕等多种单子叶和阔叶杂草如稗草，其中对恶性杂草眼子菜杀伤力最为突出。但用于水莎草扁秆藨草、等杂草的防除时则效果不佳。

其具体的使用方法是：在水稻移栽后 7 ~ 10 天的返青期，或者当稗草生长到 1.5 ~ 2.5 叶时，每亩用 5.3% 丁·西颗粒剂 0.15 ~ 0.2 千克，拌入适量的细潮土后搅拌均匀后进行施撒。施药时要保水 4 ~ 5 天。保持水层高度不低于 3 ~ 5 厘米。

（十五）丁·扑的作用及其施用方式

丁·扑对稗草、藜、牛毛毡、马唐、苋菜、鸭舌草、异型莎草、眼子菜、千金子、等具有很好的防除效果。

其具体使用方法是：对于水稻旱育苗和湿润育苗的苗床除草，一般使用播种覆土后药土法封闭的方法。选用丁·扑 250 克，然后加入潮湿的细土 3 ~ 4 千克后搅拌均匀，密闭闷 2 小时后在 20 平方米的床面上均匀撒施。

该药的使用注意事项是：在水稻出苗前要保证床面和边沟不存在积水；床面要比四周的地面高至少 5 厘米；此药不可以和酸性或碱性药剂混用。

（十六）莎阔丹的作用及其施用方式

莎阔丹对泽泻、莲子菜属杂草、鸭跖草、白水八角、慈姑、陌上菜、雨久花、鸭舌草、尖瓣花、田菁、萤蔺、荆三棱、藨草、牛毛毡、水葱、油莎草、水莎草、节节菜、矮慈菇、碎米莎草、异型莎苹、日本藨草、鳢肠、扁秆藨草、扁穗莎草等具有很好的防除效果。

其具体使用方法是：在水稻分蘖末期至拔节前，每亩使用46%莎阔丹133～167毫升（其中有效成分61～77克）对水后喷施，其中每亩喷液量以15～40升为宜。喷洒要即使要保证喷头高度，压力，行走速度的前后一致性，保证喷洒的均匀性。喷药时切忌左右甩动喷头，此药不可在同一块地重复喷洒。